实践技能课程系列教材

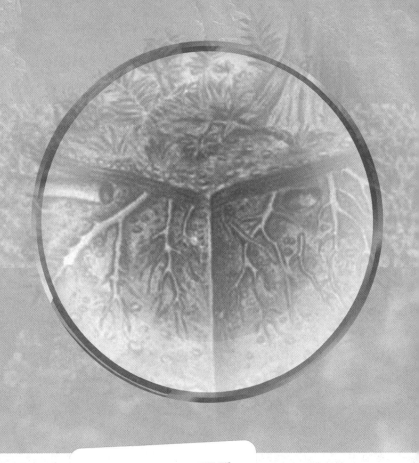

土壤学实训教程

任红梅 郝立冬 魏雅冬 张淑花 ◇编著

北京大学出版社
PEKING UNIVERSITY PRESS

黑龙江大学出版社
HEILONGJIANG UNIVERSITY PRESS

图书在版编目（CIP）数据

土壤学实训教程 / 任红梅等编著 . —— 哈尔滨 ：黑
龙江大学出版社 ；北京 ：北京大学出版社，2019.6
ISBN 978-7-5686-0317-1

Ⅰ．①土… Ⅱ．①任… Ⅲ．①土壤学—实验—高等学
校—教材 Ⅳ．① S15-33

中国版本图书馆 CIP 数据核字 (2019) 第 061455 号

土壤学实训教程
TURANGXUE SHIXUN JIAOCHENG

任红梅　郝立冬　魏雅冬　张淑花　编著

责任编辑　高　媛
出版发行　北京大学出版社　黑龙江大学出版社
地　　址　北京市海淀区成府路 205 号　哈尔滨市南岗区学府三道街 36 号
印　　刷　哈尔滨市石桥印务有限公司
开　　本　787 毫米 ×1092 毫米　1/16
印　　张　13.25
字　　数　267 千
版　　次　2019 年 6 月第 1 版
印　　次　2019 年 6 月第 1 次印刷
书　　号　ISBN 978-7-5686-0317-1
定　　价　36.00 元

本书如有印装错误请与本社联系更换。

前　言

    土壤学是一门关于土壤物质组成和性质、土壤肥力、土壤管理及评价等方面的自然科学,而土壤学实验可以进一步巩固土壤学的理论知识,加深对土壤学基本概念和原理的理解与认知。实验可以使学生获得感性认识,使理论知识形象化,并能够生动地使理论知识与农业生产实际相联系。土壤学实验在农业科学相关专业的人才培养中起着不可替代的作用。

    为了适应农业现代化的发展和新时期农业生产的要求,以及更好地完成教学和科研任务,我们编写了这本《土壤学实训教程》。该书为绥化学院"土壤学实验课程改革与实践项目"的一项成果,经过多方征求意见、反复讨论、多次修改,可作为绥化学院农学专业土壤学实验课的教材。同时,它也可作为高等院校农学、林学、环境科学等专业的土壤学实验教学用书,还可作为广大农业科技工作者使用的实验参考书或工具书。

    本书共有 32 个实验、2 个实习、9 个综合实训项目,包括土壤的水、肥、气、热、耕性等基本性质的实验室测定、野外调查和综合实践应用内容,最后在附录中列举了常用数据,并补充了一些知识内容,供读者查阅。书中对同一分析项目整理了一种或几种方法,使用者可以根据测试条件和要求等选择应用。

    本教程由任红梅担任主编,编写分工如下:第一篇,第二篇的实验一至实验九、实验十一、实验十二、实验十五、实验十六、实验十八至实验二十七,第三篇第一节及第二节中项目一,第四篇项目九及附录由任红梅编写;第二篇实验十三、实验十四、实验十七、实验二十八至实验三十二由魏雅冬编写;第三篇第二节中项目二由张淑花编写;第二篇实验十、第四篇项目一至项目八由郝立冬编写。全书由任红梅负责统稿、校稿。本书编写过程中,参考了大量相关文献,在此对那些无形中提供帮助的专家学者表示衷心感谢。

    农业科学发展迅速,土壤科学的研究手段和研究方法也在不断发展,由于编者的视野和水平有限,书中难免会有错漏之处,敬请读者给予批评指正,也便于编者查漏补缺,学习提高。

编者
2018 年 7 月于绥化学院

目　　录

第一篇

绪 论

第一节 土壤学实验课的目的和要求

一、土壤学实验课的目的

土壤学是一门实践性很强的自然科学,也是农业科学相关专业的一门重要的专业基础课。它是在长期的实践和实验基础上发展和完善起来的,而土壤学实验可以进一步巩固土壤学的理论知识,使学生加深对土壤学基本概念、原理的理解和认识。实验可以使学生获得感性认识,使理论知识形象化,并能够生动地使理论知识与农业生产实际相联系。

通过土壤学实验,可以了解分析土壤性质的基本方法和原理,掌握土壤分析测定技术,能够进一步训练学生的实验能力,并对培养学生良好的实验习惯和严谨的科研作风大有裨益。同时可将土壤分析测定结果应用于农业生产实践中,也可以用于指导农业生产,使学生将理论与实践相结合,以获得完整的知识体验。特别是一些综合性、设计性实验,需要查找资料、设计实验、动手实施、田间调查、数据描述及统计、结果分析、推断结论等一整套训练,这些训练可以锻炼学生分析问题、解决问题的能力,有利于学生积累工作经验,为其成为优秀的农业工作者助力加油。

通过土壤学实验,还能够培养学生的勤奋好学、实事求是、协作创新的工作态度,也可以培养学生整洁、节约、有条不紊的行为习惯,并能够不断提高学生的安全责任意识。

通过本课程的学习,要求学生掌握土壤分析测试的基本原理、方法和技能。本课程能够为土壤资源合理利用和保护、培肥改土、田间土壤管理、因土种植等提供评价和建议,并能综合分析农业生产和土壤资源保护利用等方面有关土壤的问题。

二、土壤学实验课的要求

要达到以上的实验目的,需要学生有正确的学习态度和良好的学习方法。同时,土壤学实验教学还要严格遵守实验规则,掌握实验室安全知识,以下为土壤学实验的基本要求:

1. 实验操作前,学生要熟读教材,认真预习,明确实验目的,掌握实验内容、原理和操作过程,用心完成实验预习报告,要求对实验关键环节能够完全做到不看实验指导书完成实验的程度。在实验前可对实验的内容和安排不合理的地方提出改进意见。

2. 进入实验室,全程均应遵守操作规程,时刻把安全放在第一位,要了解实验室水、电等总开关的位置,了解实验设备的位置及使用方法;实验室内物品要按规定放置,易燃易爆物品要远离火源,操作易燃易爆物品要小心谨慎;实验室内严禁吸烟,严禁将食物带到实验室内;实验操作过程中要有条理,遇险情要及时处理;注意用电安全,湿着的手不得接触电器插头,及时检修设备设施,发现隐患及时消除。

3.进入实验室,要穿干净整洁的实验服,必要时要带防护手套,不得穿拖鞋、着奇装异服,长发应束起。进入实验室后不得高声谈话、打闹,不可摆弄手机、当众接打电话,全程要保持实验室肃静。

4.进入实验室,要随时注意节约用水,不浪费药品,爱惜所有仪器和设备。使用精密仪器时,用后填写使用记录。凡有仪器破损,应坦白向实验指导教师汇报并补领,方便实验室管理员对仪器设备的及时维护。

5.实验过程中要认真观察和分析实验现象,对实验中出现的反常现象不要忽视,应进行讨论,并勇于表达自己的观点,勤于动脑、主动学习、积极总结,对于实验的改进意见,必须在实施前与实验指导教师反复商讨,获得同意后方可进行整改。

6.实验中使用浓酸、浓碱要小心,避免溅在皮肤和衣服上,稀释浓硫酸时要把酸注入水中,而不可把水注入酸中;使用有机溶剂要远离火源,用后及时盖好瓶塞,置于阴凉处;对于有毒和有刺激性的气体要及时利用通风橱排出,避免在室内积聚对人体造成伤害;小心使用铁锹、铁铲等工具,避免对人体造成伤害。实验过程中废液、残渣应倒入回收桶中,禁止倒入水池中,以免造成土壤残渣堵塞下水道,也避免有毒有害物污染水源。

7.实验过程中要仔细观察,做好实验数据和实验现象的记录;实验结束后要认真整理实验记录,客观翔实地书写实验报告。实验报告的书写要字迹清晰,数据要真实可靠,对于实验结果要深入剖析,谨慎做出结论。对于实验误差,要客观评价,勇于剖析自我。

8.实验结束后,要仔细清理实验仪器用具,不可敷衍塞责,给以后的实验带来麻烦,要将各种仪器药品放回原处,做好仪器药品使用记录,清理实验台面,打扫地面。在离开实验室前,必须请实验室管理员或实验指导教师检查后,方可离开。实验结束后,值日生负责打扫实验室,关闭水、电、煤气和实验室门窗。

9.未经实验室管理员或实验指导教师允许,不得将实验室内的物品带出室外,借物必须办理登记、归还手续,室外实验操作要及时清点带出的物品,防止将实验器具遗失在田间地头。

10.严格遵守实验纪律,实验课不迟到、不早退、不旷课;实验中积极动手操作,小组分工要有条理;杜绝攀比、观望的现象,禁止抄袭实验数据和实验结果。

第二节　土壤学实验报告的编写

为了加强土壤学实验课程教学环节及作业的规范化管理,使学生通过实验的基本训练,养成严谨的学风,培养实事求是及严肃认真的学习态度,掌握土壤学实验的基本操作技能,学生应在土壤学实验报告环节完成实验预习报告、实验原始记录和实验报告三项作业(均手写)。三项作业要体现实验的完整性、规范性、准确性和有效性。

一、实验预习报告要求

实验预习报告要求实验者在进入实验室之前完成,旨在使实验者提前熟悉实验内容、实验目的、实验要求、实验步骤及仪器设备使用等,在有准备的情况下去完成实验,以降低实验过程中出错或发生危险的概率,保障实验课程的顺利进行,进而提高实验者的实验操作技能。实验预习报告的内容包括实验目的和要求、实验原理、实验仪器与试剂、实验方法和步骤等内容,具体如下。

1. 实验目的和要求

首先要明确实验目的。例如,土壤样品(简称土样)采集实验,包括土壤混合样品的采集、特殊样品的采集、物理性质样品的采集、盐分动态样品的采集等几种类型,每种类型均有不同的采样方法和要求。只有明确实验目的,才能使所采土样具有代表性,从而保证实验的准确性。

实验目的是实验的方向和重心,通常包括:在理论层面上,解释该实验的内涵和需要掌握的系统知识;在实践意义上,掌握实验操作的技能技巧,提高熟练程度,并对实验结果形成评价。以土壤阳离子交换量的测定实验为例,其实验目的可以分三个层次:

(1)熟悉并掌握乙酸铵交换法测定土壤阳离子交换量的原理和内容。

(2)熟练掌握土壤阳离子交换量测定的操作技能。

(3)根据实验结果判断土壤阳离子交换量的丰缺状况,并提出该区域土壤综合利用及管理的措施和指导意见。

2. 实验原理

实验原理是实验的纲领性和核心内容,包括实验中遵循的原理,以及使用的公式和算法,揭示实验过程中的基本规律,表达实验设计的整体思路,展示实验过程中可能出现的现象及其原因,以及实验步骤设计的依据等。

3. 实验仪器与试剂

实验所用的仪器设备和试剂。

4. 实验方法和步骤

要从理论和实践两个方面,简明扼要地写出实验的主要操作步骤,可画出实验流程图(包括实验装置结构示意图),再配以相应的文字说明。不要照抄实验指导书,内容也不要过于简练,要做到简明扼要、清楚明白(即其他实验者参看本实验报告,也能按照实验方法和步骤完成该项实验的程度)。

二、实验原始记录要求

实验过程中要规范实验记录的书写,做到对实验现象的描述要准确、详尽,对实验数据的记录要简练、清楚。要有专门的实验记录本,应当设计记录表格。对于每一个实验结果应本着减小误差的原则,至少重复测量 3 次以上,必要时对于实验仪器的工作状态和使用情况也应做好记录。

此外,应准确记录实验中使用仪器的类型、编号,以及试剂的规格、化学式、相对分子质量、浓度等,这样既便于实验完成后对实验的总结,也便于核对和查找实验失败的原因,还可以为后续实验者提供一定的参考和指导。实验报告的翔实程度关系到实验的重复性、准确性和实验结果的可应用性。在实验总结过程中,如果发现记录的结果有疑问、遗漏、丢失等情况,必须追根溯源找到原因,重做实验,严谨对待。

三、实验报告要求

实验结束后,应及时整理和总结实验结果,完成实验报告。实验报告是科学论文写作的基础,是学生进行科学研究的重要的基本技能训练。实验报告是对每次实验的总结,可以培养和训练学生的总结归纳能力、逻辑思维能力、综合分析能力和文字表达能力。实验报告的书写要求客观、尊重事实,内容要实事求是,分析要全面具体,文字要简练通顺,誊写要清楚整洁。

实验报告包括实验目的和要求、实验原理、实验仪器与试剂、实验方法和步骤、数据处理和结果、问题及讨论等内容。相比实验预习报告,在实验目的和要求、实验原理、实验仪器与试剂、实验方法和步骤四项内容上,都应该加入实验者实验后的重新认识和改进。而数据处理和结果、问题及讨论应是实验者对该实验的结果、结论、心得和建议的表达。

1. 数据处理和结果

数据处理和结果包括对实验现象的描述,对实验数据的整理、归纳和计算等。对于最终的实验结果,常用三种方法表述。

(1)文字叙述

根据实验目的将原始资料系统化、条理化,用准确的专业术语客观翔实地描述实验现象和结果,一般需要注意一定的顺序以及各项指标的逻辑关系。

(2)表格和计算公式

为了使实验结果清晰明朗,常用绘制表格或列出计算公式的方式,使各级各类指标一目了然,便于多个数据的归纳整理和相互比较。绘制的表格应遵循一定的规范,勿漏标计量单位。

(3)曲线图

曲线图可将变量的回归和相关关系及变化趋势形象生动、直观明了地表达出来,它是一种重要的结果呈现方式。

以上的几种数据和结果表达方式,可任选其中的一种或几种,以获得理想的效果。

2. 问题及讨论

实验材料、设备、实验条件、操作质量等情况的影响,会使实验结果存在一定的误差,在实验过程中及实验结束后,应根据相关的理论知识对所得到的实验结果进行解释和分析。例如:如果所得到的实验结果和预期的结果一致,那么它有什么意义? 说明什么问题? 验证什么理论? 如果所得实验结果与预期结果不一致,又说明什么问题? 发生的原因是什么? 如何避免或改进? 也可以写一些本次实验的心得或建议,抑或做头脑风暴,澄清一些模糊的想法,拓展一些创造性的活动等。

若实验过程中发生了故障和问题,应进行故障分析,说明故障排除的过程及方法,并提出实验的改进意见。

3. 结论

经过数据资料的整理、分析后,要客观、严谨、概括和准确地得出实验结论。对于土壤学实验,应突出应用性,应同时提出有利于农业生产及土壤培肥与土壤改良的指导性意见。

四、实验报告模板

实验报告模板参考表 1-1-1 所示。

表 1-1-1 实验报告模板

实验名称			
时间		实验者	
实验目的			
材料、试剂、仪器、用具			
实验原理:			
实验方法和步骤:			
结果与分析:			
思考题:			
教师评语及成绩			

第二篇

土壤学实验

实验一　土壤分析样品的采集

一、实验目的和说明

为了了解土壤肥力情况,合理用土、改土,需要采集土壤样品,带回实验室内进行各项理化性质的测定。

土壤分析样品的采集,是土壤学实验的基础性工作,是决定土壤分析结果是否可靠的重要环节。一般土壤分析误差来自采样、制样和分析三个方面,耕地土壤理化性质的差异、肥料(尤其是有机肥料)施用的不均衡、作物种植的不均一等因素,很容易引起采样误差,而采样误差对分析结果的影响,要比分析过程中的误差大很多,即使室内分析过程精细、准确,也难以反映客观实际情况,也难以弥补采样误差带来的后果。因此为了获得符合实际情况的分析结果,必须按正确的方法采集和处理土样,以便获得符合实际的分析结果。

本实验要求学生掌握土壤分析样品的采集方法,学会从采样环节控制土壤分析误差的原理和方法。

二、实验方法和原理

土壤是非均质体,同一地块上相距很近的两点也会有明显的差异,一般这种差异是由土壤形成因素(简称成土因素)带来的。而对于农业土壤来说,种植不同的植物,以及在土壤上的耕作、施肥等的不一致,都会造成土壤肥力的局部差异。此外,土壤分析是一个复杂的环节,通常要在实验室内完成,我们不能把整块土壤(哪怕只是耕作层)搬进实验室进行分析,因此,只能选取有代表性的少量土壤样品,通过实验室测定,将结论推广到一定区域内的土壤中去。这就要求采样时要有代表性,在实际操作中,可综合考虑土壤所处的环境、肥力、耕作条件、田间管理措施等,尽量划分相似的区域,选择有代表性的点,多点混合选取样品,体现出该区域土壤的代表性、均匀性和典型性。

三、实验器具

本实验常用器具有:铁锹、土钻、土铲、土刀、土袋、标签、铅笔等。

1. 土铲:根据实验要求的采样深度,在铁锹掘开的位置,用土铲自上而下挖取均匀的薄层土片即为一个样点,然后将各点土片混合成一个混合样品。除淹水土壤外,土铲基本适于任何土样的采集。

2. 土钻:一般采集深层土壤时使用。其下端是一段带刃口的钢管,上端连接有操作手柄,将钢管垂直于地面,转动手柄,即可将土钻钻入地下,在合适的采样深度,可获取均匀土柱,反向转动手柄,即可将土钻取出,再用土刀沿钢管侧面开口处将土取出,多点混合即为一个混合样品。土钻的手柄可对取土工作有一定的助力,在取深层土时有较大的用处,但它不适于干硬的黏土和松散的砂土、砾土的采集。

在分析土壤金属元素时,为避免铁器对测定结果的影响,可将土铲和土钻改为竹木片或塑料片等。

四、实验步骤

1. 划分采样区

为了减小误差,增加局部控制,划分采样区是一个行之有效的办法。

划分采样区(采样单元)时,一般按照采样地块的土壤类型、地形地势、作物布局、耕作方式、施肥管理、土壤肥力、历年产量等情况,尽可能使均匀一致的土壤被划分为一个采样区,依此类推,划分若干个采样区,在每一个采样区内采集多点混合为一个混合样。生产上也常按土壤面积来划分,通常每 1~3 公顷(hm^2,$1\ hm^2 = 10^4\ m^2$)采集一个混合样,生产田一个采样区面积可扩大为 10 公顷。若为试验区采样,每一个试验小区可作为一个采样区,也可视研究目的和要求的精确度而定。

2. 选点

一个采样区采集一个混合样,一个混合样又是若干个采样点的集合,采样点越少,误差越大,采样点越大,代表性越好,分析结果越有意义,但是取点数量越多,工作量也越大,因此在一个采样区内通常取 5~10 个点或 10~20 个点,也可以按面积精确计算取多少个点。总之,合理的采样点是采样的代表性最好、取点最少、工作量最小、效率最高的综合结果。

为了使采样有代表性,要避开田边、路旁、施肥点、沟畔、特殊地形等位置,一般采用"S"形或"之"字形或网格法等方法等距布点。

3. 采样

(1)采样时间

土壤有效养分含量会随着时间、季节变化而变化,也会随着土壤层次的变化而有所变化,例如表土干湿变化明显、冷热变化较大,冬季土壤中有效磷含量往往增高,是由温度的降低导致土壤有机酸积累量增多,进而与铁、铝、钙等离子络合,降低了这些阳离子的活性,使磷得以释放出来;再如钾离子易被土壤胶体层间固定,其固定量在土壤表层较大,在土壤深层较少,原因就在于土壤表层干湿交替、冻融交替明显,易使交换性钾进入黏粒的矿物晶格层间的网穴中,而土壤干旱脱水时,收缩导致钾离子进入其中难以释放,难以发挥肥效。铵离子也会发生这种情况,因此在铵态氮肥和钾肥施用时,都不选择表层施用,而是施到 7 cm 以下的耕作层中。

因此,在早春或晚秋采样,可以了解土壤肥力水平及养分供应状况;在作物不同生长时期采样,是为了了解作物生长过程中对养分的需求和利用情况。不同用途要选择不同的采样时期,不能一次采样一劳永逸。

同样,只有在同一季节及同一时间内采集的土样,其分析测定的结果才能互相比较。

(2)采样深度

作物土壤养分分析测定一般只采集0～20 cm耕作层土样。若要研究土壤养分在土体剖面的变化情况,可依据不同深度分别采样;若要研究某些深根植物(如树木)的土壤养分供应情况,则依据其根系分布深度分层采样。

(3)采样要求

每点的采样深度和数量应相当,集中放入一土袋中,每袋土样质量约1 kg为宜,最后充分混匀碾碎。当样品取样较多时,可用四分法取对角两组(即一半数量),弃去另两组,若采样量仍然较多,可继续用四分法取其对角两组,直至质量为1 kg左右。土袋内外均要附上标签,用铅笔注明采样地点、深度、前茬种植情况、施肥管理措施、采样日期和采样人等。然后带回室内风干、处理。

土样采集布点方式参见图2-1-1,土样采集示意图见图2-1-2,四分法示意图见图2-1-3,土样采集标签见图2-1-4。

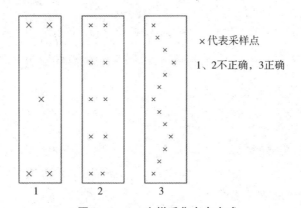

图2-1-1　土样采集布点方式

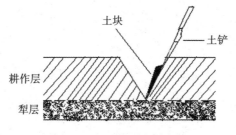

图2-1-2　土样采集示意图

第一步　　　　　第二步　　　　　第三步

图 2 - 1 - 3　四分法示意图

土样标签		
样品编号：		
采样地点： 　　　东经		北纬
采样层次：		
特征描述：		
采样深度：		
监测项目：		
采样日期：		
采样人员：		

图 2 - 1 - 4　土样采集标签

五、注意事项

1. 采集水田土样或在淹水地采土时，需要注意地面平整，以使取土深度一致，保证养分测定结果的可比性。

2. 在分层采样时，应注意自下向上的采集顺序，避免层间污染或互相掺和。

3. 土壤有效养分含量测定宜选在早春或晚秋，且同一季节、同一时间所采样品才存在可比性。

六、作业题

1. 采样时，要注意哪些问题？

2. 在采集土样过程中，为什么要强调代表性，它与室内分析数据可靠性有何关系？

3. 水田土壤样品采集应如何操作？

实验二　土壤分析样品的制备

一、实验目的和说明

为了得到较好的分析结果,土样带回实验室内后要及时进行处理,主要是及时进行登记编号、风干、磨细、过筛、混匀、装瓶,以备后续各项测定之用。进行土样处理的过程叫作土样的制备。土样的制备包括去杂、磨细及保存。土样制备的目的在于为测定各土壤指标服务。

本实验要求学生掌握土壤分析样品制备的方法,学会从土样制备环节控制土壤分析误差的原理和方法。

二、实验方法和原理

土样去杂即去除非土壤的组成部分,如去除植物残茬、昆虫、石块等土壤侵入体,以及铁锰结核、石灰结核等土壤新生体,以减少这些成分对土壤分析的影响。

鉴于分析测试的目的不同,以及为了减少称量误差和解决样品易分解的问题,需要将样品磨细,磨细程度可视分析内容而定。一般进行全量分析时,要使样品通过 0.25 mm 土筛,并充分混匀,以使分析样品反应完全;进行矿质成分分析时,还要磨得更细,通常要通过 0.149 mm 土筛,而常规土壤理化分析只需要将样品通过 2 mm 或 1 mm 土筛即可。也有一些分析项目,如全量 Si、Fe、Al,土壤有机质、全氮量等的测定,则不受磨碎的影响。

土样的长期保存一般使用广口瓶(磨砂口),以减少与外界环境的交流,不至于因微生物活动而发生霉变,使样品得以长期保存。但一般土样的保存期限为一年。

三、实验器具

牛皮纸,研钵,研磨棒,带筛盖的土筛(1 mm、0.25 mm),广口瓶(磨砂口),木托盘(或瓷盘),电子天平(感量 0.01 g)或其他托盘天平,橡皮锤,标签。

四、实验步骤

1. 土壤样品的风干

为了避免潮湿的土样在微生物分解作用下发生化学成分的变化而使测定结果产生误差,需要把采回的土样摊放在木托盘(或瓷盘)或牛皮纸上,压好标签,置于室内通风、干燥、无阳光直射的地方阴干,防止酸、碱、蒸气及灰尘侵入,尽可能铺平,并在土样半干时,捏碎大土块,以免干后硬结给下一步磨细工作带来麻烦。

一般分析项目都要用风干土样。但也有些项目,如测定田间土壤持水量、土壤容重、硝态氮含量、铵态氮含量、亚铁含量等需要用新鲜土样,而不需要风干和制备的环节。

2.去杂、磨细和过筛

样品风干后,先用托盘天平称出总质量,然后尽可能用镊子除去动植物残体、石砾、虫体等(二次除杂),若石砾、杂质过多,应当拣出称重,并记下其所占的百分比。除杂完毕,将土样摊在牛皮纸上,用木棒或橡皮锤轻轻碾压,并过 1 mm 筛孔的土筛(带有筛底和筛盖),为防止细土飞扬,要盖好筛盖。不能过筛的部分,再次去杂,继续研细,使之全部通过 1 mm 筛孔的土筛,用四分法平均选取样品 500 g,贮于带磨口塞的广口瓶中,备用,即可供一般项目分析之用。

其余通过 1 mm 筛孔的样品继续磨细,使其全部通过 0.25 mm 筛孔的土筛。过 0.25 mm 筛孔的土样,可进行土壤有机质、全氮量、腐殖质、碳酸钙含量的测定。还可继续研磨通过 0.25 mm 筛孔的土样,再过 0.149 mm 筛孔来进行土壤矿质成分的分析测定。

土筛一般以筛孔直径或"目"来表示,筛孔直径是指每个筛孔的大小,直径通常为 2 mm、1 mm、0.25 mm 等,而"目"是指每平方英寸(1 英寸 ≈25.4 mm)面积上筛孔的数量,如 40 目、100 目,筛孔直径与"目"的关系可用下式换算:

$$筛孔直径(mm) = \frac{16}{1 \text{ 英寸筛孔数量}}$$

目与筛孔直径(mm)的对照如表 2－2－1 所示。

表 2－2－1　标准筛孔对照表

目	筛孔直径/mm	目	筛孔直径/mm	目	筛孔直径/mm
3	6.72	16	1.18	70	0.21
3.5	5.66	18	1.00	80	0.18
4	4.76	20	0.84	100	0.15
5	4.00	25	0.71	120	0.13
6	3.36	30	0.59	140	0.11
7	2.83	35	0.50	170	0.09
8	2.38	40	0.42	200	0.07
10	2.00	45	0.35	230	0.06
12	1.68	50	0.30	270	0.05
14	1.41	60	0.25	325	0.04

3.保存

过筛混匀后的土样要装入带磨口塞的广口瓶中保存,瓶上要贴好标签,注明采样地点、土类名称、种植茬口、施肥管理、采样深度、采样人、采样日期和过筛孔径等。如果样品需要长期保存,就必须放在干燥、避光的地方,且标签最好用石蜡涂封,防止字迹模糊不清。

五、注意事项

1.土样风干过程中要防止日照和酸、碱气体侵蚀。

2.测定土壤田间持水量、容重等项目需要用新鲜土样,而不需要风干和制备的环节。

3.土壤样品在过筛时应保证完全过筛,不能将未过筛的土壤丢弃。

4.在磨碎处理时,将筛盖盖好,防止灰尘进入,注意戴好口罩,做好防护。

5.土样研磨时,尽量不用土壤粉碎机,以防土壤中粗石砾、砂粒被磨碎,产生分析误差。

6.分析金属元素时,土筛不宜选用铜筛、铁筛等,可使用尼龙筛。

六、作业题

1.土样制备包括哪些过程? 你认为哪一个过程最重要?

2.土壤贮存要注意哪些问题?

3.风干土样在分析前为什么要用木棒研磨,并且通过不同规格的土筛?

实验三　土壤含水量的测定

一、实验目的和说明

土壤水分是土壤最重要的组成部分之一,是土壤肥力的一个重要因素,也是作物生长发育的基本条件。土壤水分对土壤的形成发育以及土壤中物质和能量的分布、转化都有重要影响,也影响着土壤的通气状况和养分的有效性,所以土壤含水量与作物生产有很大的关系。了解和掌握土壤水分状况,有效地调节、控制和管理水分,是实现农作物持续高产稳产的重要环节。

了解田间土壤含水量,可以在灌溉、保墒和排水时,给予适当的调控和管理,或者通过作物长势和栽培管理措施来总结丰产所需的水分条件,也可结合苗情症状,为水分、养分的诊断提供依据。在土壤理化分析时,也常以烘干土为基数进行其他养分的计算,使整个分析结果相对合理、可比。烘干土为制备后的风干土除去吸湿水的部分。因此,吸湿水含量的测定是土壤化学性质测定的基础环节。

一般以土壤含水量表示土壤水分状况,通常用质量含水量和体积含水量表示土壤含水量。质量含水量是水的质量占土壤质量的百分数,本实验中用质量含水量表示土壤含水量。测定土壤含水量的方法有:烘干法(也称烘箱法)、乙醇燃烧法、红外线法、中子仪法和时域反射仪法(TDR 法)等。田间土壤水分测定目前广泛使用的是中子仪法和时域反射仪法,需要中子仪或时域反射仪,这两种方法具有便捷、快速且可实现水分的连续观测等优点。实验室土壤含水量的测定常采用烘干法,可以测定土壤自然含水量,也可测定风干土吸湿水含量。红外线法是将土壤样品放在红外线灯下,利用红外线照射产生的热能,使水分蒸发,以样品失水质量计算土壤含水量。当对实验结果要求不高或者需要快速测定土壤含水量时可选用乙醇燃烧法,该法与烘干法相比,精确度相差 0.5%~0.8% 。

本实验以风干土吸湿水含量测定为例学习烘干法(烘干法测定土壤自然含水量参见土壤容重测定实验),并简要介绍乙醇燃烧法。

本实验要求学生掌握实验室内土壤风干土吸湿水含量测定的方法和原理,学会在吸湿水测定环节控制实验误差的方法。

二、实验方法和原理

烘干法:在 105~110 ℃使土壤恒重,驱逐土壤自由水和吸湿水,而失水前后土壤质量差即为土壤含水量。

土壤水分包括黏土矿质分子内部的结合水、土粒分子间束缚性较大的吸湿水、束缚性较小的膜状水和可供植物吸收利用的土壤自由水(也包括一部分膜状水)。结合水要在 600 ~ 700 ℃ 高温下才能除去,而土壤自由水和吸湿水在 105 ~ 110 ℃ 的温度下,可以水汽形式烘出,使土样成为无水烘干土。温度若高于 105 ~ 110 ℃,烘干所需时间变短,但会使土壤中的某些成分(如有机质和碳酸盐)挥发掉,使测量结果偏高;温度若低于 105 ~ 110 ℃,则难以除净吸湿水。

三、实验器具

烘箱,分析天平,铝盒(直径 45 mm,高 30 mm),坩埚钳,干燥器(内置无水 $CaCl_2$ 或变色硅胶),95% 乙醇,火柴。

四、实验步骤

1. 烘干法

(1)预先将编好号码的铝盒置于烘箱中(105 ~ 110 ℃),烘干 0.5 h 后取出,迅速放于干燥器中冷却 0.5 h,在分析天平上称其恒重(m_1)。

(2)取风干土样 5 g 左右,放入已称重的铝盒中,在分析天平上准确称重(m_2),去盖放在烘箱中(105 ~ 110 ℃)烘 8 h,铝盒盖同样放置于烘箱中,直至恒重。

(3)烘干后打开烘箱,用坩埚钳将盖子盖好取出,迅速放在干燥器内冷却至室温(约 0.5 h)后,称重,再放入烘箱中烘 2 ~ 3 h,冷却后称重,以验证是否恒重(两次质量之差 < 3 mg)。如未恒重,则反复烘干至恒重(m_3)。

(4)数据记录于表 2 - 3 - 1 中。

表 2 - 3 - 1　风干土吸湿水含量测定数据记录表

铝盒编号		铝盒质量 m_1/g	铝盒 + 风干土质量 m_2/g	铝盒 + 烘干土质量 m_3/g	吸湿水含量/%	平均值	烘干土系数 K
重复次数	1						
	2						
	3						

2. 乙醇燃烧法

(1)称取编好号码的铝盒 3 个,在分析天平上称其质量(m_1)。

(2)称取 10 g 左右土样,放入已知质量铝盒中,加入适量乙醇至浸没土样,点火燃烧,连续灼烧 2 ~ 3 次,称重(m_2)。

(3)数据记录于表 2 - 3 - 2 中。

表 2 – 3 – 2　乙醇燃烧法测定土壤自然含水量数据记录表

土样采集地点：　　　层次深度：　　　质地：

铝盒编号		铝盒质量 m_1/g	铝盒 + 自然土质量 m_2/g	铝盒 + 燃失后土质量 m_3/g	土壤自然含水量/ %	平均值
重复次数	1					
	2					
	3					

五、结果计算

1. 烘干法结果计算

根据以下公式计算吸湿水含量,并将数据记入表 2 – 3 – 1 中。

$$土壤吸湿水含量 = \frac{风干样品质量 - 烘干样品质量}{烘干样品质量} \times 100\%$$

即

$$以烘干土壤为基础的土壤吸湿水含量 = \frac{m_2 - m_3}{m_3 - m_1} \times 100\%$$

风干土质量换算成烘干土质量为:

$$烘干土质量(g) = \frac{风干土质量(g)}{1 + 吸湿水含量}$$

烘干土系数:

$$K = \frac{1}{1 + 吸湿水含量} \times 100\%$$

注:计算 K 值时的吸湿水含量是指干基含水量。

2. 乙醇燃烧法结果计算

根据以下公式计算吸湿水含量,并将数据记入表 2 – 3 – 2 中。

$$土壤自然含水量 = \frac{自然土质量(g) - 燃失后土质量(g)}{燃失后土质量(g)} \times 100\%$$

$$= \frac{m_2 - m_3}{m_3 - m_1} \times 100\%$$

六、注意事项

1. 使用坩埚钳夹取铝盒要稳,以免铝盒倒置样品洒落。

2. 不可用手直接接触铝盒。

3. 烘干时要揭开铝盒盖,称量时要盖上铝盒盖。

4. 称量过程要迅速。

七、作业题

1. 为什么要测定吸湿水含量？测定原理和方法是什么？

2. 土壤吸湿水含量与土壤自然含水量有什么区别和联系？各应用于哪些方面？

3. 为什么计算土壤吸湿水含量时,要使用烘干土质量作为分母？

实验四　土壤吸湿系数和田间持水量的测定

一、实验目的和说明

土壤吸湿系数和田间持水量是重要的土壤水分常数,在一定程度上反映土壤保持水分的能力,也关系到土壤水分的有效性。

吸湿水是风干土样所吸附的水汽。土壤吸湿水的含量受空气相对湿度的影响,当干土置于相对湿度接近饱和的空气中时,吸收的水汽亦达到最大量。土壤吸湿系数即吸湿水的最大量与烘干土质量的百分比,也称为最大吸湿量。吸湿系数的大小,主要与土壤比表面积大小及土壤有机质含量有关,砂土的吸湿系数为 $0.05\% \sim 1.00\%$,壤土 $2\% \sim 5\%$,黏土 $5.0\% \sim 6.5\%$。吸湿系数的 $1.25 \sim 2.00$ 倍,可以估算土壤萎蔫系数。土壤萎蔫系数是植物产生永久萎蔫时的土壤含水量,即土壤含水量低于土壤萎蔫系数时,植物将枯萎死亡,它用来指示植物可利用的土壤水的下限,是很重要的水分常数,但却很难测得,通常可通过吸湿系数来间接推算得到。

对于大多数植物来说,土壤水可利用的上限指标是土壤田间持水量,通常在降雨或灌溉后,重力水向下移动,渗透水流降至最低或基本停止时。土壤所吸收的水是借助毛管力而保持的,而毛管力所能保持的土壤水分的最大量即为田间持水量。该数值反映土壤保水能力的大小,在农业生产上常作为灌水定额。测定田间持水量时,可在野外也可在室内进行,原理基本相同,即围起一定体积的土壤,经过大量降雨或灌水使土壤饱和,待重力水排出后测其土壤含水量。本实验介绍环刀法。

本实验要求学生掌握实验室内土壤田间持水量测定的原理和方法,了解吸湿系数测定的原理和方法,要求结合测定结果对田间水分供应给予一定的判断和指导。

二、实验方法和原理

20 ℃时,在密闭条件下放置饱和 K_2SO_4 溶液,可使环境相对湿度达 $98\% \sim 99\%$(接近饱和),在此相对湿度下,风干土样所能吸收的最大水分含量即为吸湿系数。

实验室测定田间持水量采用环刀法。即用环刀选取自然状态下的原状土,在室内加水至毛管全部充满水,在 $105 \sim 110$ ℃烘箱中烘至恒重。土样所失质量(水分含量)占烘干土质量的百分数即为土壤田间持水量。

三、实验器具

土壤吸湿系数测定所用器具:铝盒,干燥器,电子天平(感量 0.001 g),烘箱,小烧杯。

田间持水量测定所用器具:环刀(200 cm³,带有孔底盖),天平,搪瓷托盘(带有孔底盖),土刀,铁锹,小锤子,滤纸,纱布,橡皮筋,玻璃皿,烘箱,胶头滴管等。

四、试剂配制

饱和 K_2SO_4 溶液:称取 100 g K_2SO_4 溶于 1 L 蒸馏水中,适当增加 K_2SO_4 的量,使溶液中可见白色未溶的 K_2SO_4 晶体。

五、实验步骤

1. 土壤吸湿系数测定

(1)按每克土样大约 2 mL 计算饱和 K_2SO_4 的用量,用小烧杯盛放并置于干燥器内。

(2)将铝盒称重,记取读数 m_1,称取风干土样(1 mm)5~20 g,置于该铝盒底部(黏土和有机质多的土壤称取 5~10 g,壤土称取 10~15 g,砂土称取 15~20 g)。

(3)将盛土样铝盒放入干燥器中的有孔磁板上,盖好干燥器,放在室温 20 ℃ 的地方,让土壤吸湿。

(4)经过一周左右,取出盛土样铝盒,称重,并再次放入干燥器内使土壤继续吸湿,此后每隔 2~3 d 称重一次,直至土样达到恒重(前后两次质量之差不超过 0.005 g)为止,记录铝盒与湿土质量的最大值(m_2)。

(5)将达恒重的土样置于 105~110 ℃ 烘箱内,烘至恒重,记录铝盒与烘干土质量 m_3,数据记录于表 2-4-1 中。

表 2-4-1　土壤吸湿系数测定数据记录表

土样名称:　　　　　采集地点:　　　　　层次深度:　　　　　粒径:

重复	铝盒号	铝盒质量 m_1/g	铝盒与湿土质量 m_2/g	湿土质量/g	铝盒与烘干土质量 m_3/g	烘干土质量/g	土壤吸湿系数/%
I							
II							
III							

2. 土壤田间持水量测定

(1)在田间选择挖掘的土壤位置,按要求深度用环刀在野外取原状土带回实验室内,垫好滤纸,盖上有孔底盖,将有孔底盖一端朝下,放于盛水的搪瓷盘内,不要使环刀上面淹水,可使盘中水面低于环刀上缘 3 mm 左右。放置一昼夜,让水分从环刀底面沿毛管上升,饱和土壤。

(2)同时取相同土层风干后的土,装入另一环刀中(或用石英砂代替干土),尽量装满装实。

(3)将经过一昼夜水分饱和的装有原状土的环刀取出,打开有孔底盖,连同滤纸一起放在另一装有干土(或石英砂)的环刀上,排出重力水。为紧密接触,顶部环刀可压上重物。

(4)经过 8 h(可根据土壤质地适当调整)排水后,取上部环刀内 15~20 g 原状土置于已知质量铝盒中,测定含水量,并于 105~110 ℃烘箱中烘干 24 h,取出测其烘干后质量,通过烘干前后失水质量计算田间持水量。

(5)数据记录于表 2-4-2 中。

表 2-4-2　土壤田间持水量测定数据记录表

土样名称:　　　　　采集地点:　　　　　层次深度:　　　　　粒径:

重复	铝盒号	铝盒质量 m_1/g	铝盒加湿土质量 m_2/g	湿土质量/g	铝盒加烘干土质量 m_3/g	烘干土质量/g	土壤田间持水量/%
I							
II							
III							

六、结果计算

1. 计算土壤吸湿系数

$$土壤吸湿系数 = \frac{m_2 - m_3}{m_3 - m_1} \times 100\%$$

式中:

m_1——铝盒质量,g;

m_2——铝盒加湿土质量,g;

m_3——烘干后土样加铝盒质量,g。

2. 计算土壤田间持水量

(1)计算公式如下:

$$土壤田间持水量 = \frac{m_2 - m_3}{m_3 - m_1} \times 100\%$$

式中:

m_1——铝盒质量,g;

m_2——铝盒加湿土质量,g;

m_3——烘干后土样加铝盒质量,g。

(2)根据以下公式计算土壤相对含水量:

$$土壤相对含水量 = \frac{土壤自然含水量}{土壤田间持水量} \times 100\%$$

七、注意事项

1. 土壤田间持水量测定时,带土环刀置于有水搪瓷托盘内,不要使搪瓷托盘中的水进入环刀上表面。

2. 土壤田间持水量测定时,排水时间可根据土壤质地适当延长,一般砂土 8 h,壤土约 1 d,黏土 2~3 d。

3. 为减少蒸腾蒸发失水,环刀上部要有覆盖和保湿处理。

4. 为使测定结果准确,可多次重复,直至前后两天环刀加湿土质量无明显差异时,方可认为是达到田间持水量。

八、作业题

1. 测定土壤吸湿系数时,为什么要保持环境温度为 20 ℃和相对湿度为 98%?

2. 在测定土壤田间持水量时,为什么要用不破坏土壤结构的原状土?

3. 在环刀取土时,可以压实土壤吗? 如果压实土壤,会出现什么现象?

实验五　土壤水吸力的测定

一、实验目的和说明

土壤水吸力是指土壤水在承受一定吸力的情况下所处的能态,这种吸力一方面来自于土壤基质,另一方面来自于土壤中的溶质。当土壤孔隙未充满水时,来自土壤固－液交接面的土壤水张力和土壤固体颗粒对水的吸力,以及土壤溶质对水的吸力的共同作用,将水分保持在土壤中,分别称为基质吸力和溶质吸力。

土壤水吸力可以判断水的流向,因此可以作为反映土壤水分能量状态与植物吸水性关系的指标。土壤水总是自吸力低处向吸力高处流动。植物从土壤中吸水,就需要克服土壤对水的吸力,因此土壤水吸力可以直接反映土壤的供水能力。测定土壤水吸力不仅可以了解不同质地土壤吸持水分的能力,也能通过控制土壤水分状况,调节植物吸收水分和养分,在农业生产上有很实际的应用。例如:田间测定土壤水吸力可以用来指导田间灌溉。

本实验要求学生学习土壤水吸力的测定方法,学习张力计的使用,掌握张力计测定土壤水吸力的原理及操作步骤。

二、实验方法和原理

本实验采用张力计测定土壤水吸力。张力计由多孔陶土管、塑料管(或抗腐蚀金属管)、真空压力表和集气管等部件组成。使用时,多孔陶土管插入土中,作为土壤水分的感应部件,当多孔陶土管完全被水浸润后,其表面的许多细小孔隙会形成水膜,阻隔空气,但能使水或溶液通过。真空压力表是用来显示吸力数值的部件,一般只能测定 $80 \sim 85$ kPa 的土壤水吸力,而田间植物可利用的水大部分在这个吸力范围内。集气管为收集仪器里的空气之用。

张力计使用前要向塑料管中注满水并密封,保证空气不进入多孔陶土管。使用时要垂直插入土中,若此时土壤呈水分不饱和状态,则在土壤吸力的作用下,多孔陶土管壁的小孔向内"吸"水,使张力计内产生真空状态,压力表指针偏移,待读数稳定时,表明张力计与土壤吸力达到平衡,该读数即为土壤水吸力。

三、实验器具

张力计、土钻等。

四、实验步骤

1. 张力计的调校:在使用张力计之前,必须将张力计内部的空气除净,以保证张力计的灵敏度。方法是:打开集气管盖和橡皮塞,将张力计倾斜,向塑料管内注满经煮沸又再冷却的无气水,将张力计直立,水会将多孔陶土管浸湿,并可见表面有水滴出。在注水口放置带有注射针的橡皮塞,进行抽气,可见有气泡从真空压力表逸出,并聚拢于集气管内,指针也随之偏移,拔出塞子则真空压力表指针归位,如此反复 3~4 次,便可使张力计中空气除尽,盖好橡皮塞和集气管盖,张力计调试完毕。

2.安装:选择有代表性的地块,用土钻开孔,深度视实验要求而定,将张力计垂直插入。为了使多孔陶土管与土壤接触紧密,开孔后可灌少量水于孔中,撒入少量碎土于孔底,然后插入张力计,用少量碎土填补空隙,可上下移动张力计,尽量使多孔陶土管与周围土壤密接。最后再在张力计周围填入干土,培实。

3.观测:安装好张力计后,因土壤水与张力计需要达到吸力平衡,所以一般要经过2~24 h 才能测读。读数一般在早晨进行,因为土温相对稳定,对张力计影响较小,读数时轻敲真空压力表,先消除表盘摩擦力再读数,指针稳定即可读数。

4.检查:张力计使用过程中,要定期检查,主要是通过检查集气管的空气容量来判断是否需要加水,当空气容量超过集气管的 2/3 时,就必须注满无气水。

给张力计注水,会对多孔陶土管产生静水压力,在测量时需要减去这部分水柱产生的压力,该压力值也称零位校正值,在测量表层时,零位校正值可忽略不计。

五、结果计算

土壤水吸力一般以 kPa(千帕)为单位。实验结束后记录张力计读数,并减去零位校正值。根据表 2-5-1,可对照查找毫米汞柱、毫巴与帕斯卡的关系。

表 2-5-1 毫米汞柱、毫巴与帕斯卡对照表

毫米汞柱	毫巴	帕斯卡	毫米汞柱	毫巴	帕斯卡
1	1	1×10^2	400	533	533×10^2
50	67	67×10^2	450	600	600×10^2
75	100	100×10^2	500	667	667×10^2
100	133	133×10^2	550	733	733×10^2
150	200	200×10^2	600	800	800×10^2
200	267	267×10^2	650	867	867×10^2
250	333	333×10^2	700	933	933×10^2
300	400	400×10^2	750	1 000	$1\ 000 \times 10^2$
350	467	467×10^2			

六、注意事项

1.温度会明显影响土壤水吸力数值及仪器的使用性能,田间测定时最好在清晨六点左右进行。

2.测定时务必要除去系统中的气泡,防止张力计钝化,保持多孔陶土管与压力表之间的水力联系。

3.仪器与土壤之间也应保持水力联系,防止因土壤干燥引起的水力失联状况。

七、作业题

1.尝试制作小于 1 bar(即 100 kPa)的水分特征曲线。

2.比较不同质地土壤的土壤水吸力数值。

实验六　土壤的容重测定与孔隙度的计算

一、实验目的和说明

土壤容重(土壤密度)是指田间自然垒结状态下单位容积(包括土壤孔隙在内)的原状土的干重。若土壤孔隙占土壤总容量的一半,则土壤容重为 $1.30 \sim 1.35 \text{ g} \cdot \text{cm}^{-3}$;压实的砂土的容重高达 $1.60 \text{ g} \cdot \text{cm}^{-3}$;松散的土壤,如有团粒结构的土壤或耕翻耙碎的表土,容重低至 $1.00 \sim 1.10 \text{ g} \cdot \text{cm}^{-3}$。土壤容重综合反映了土壤固体颗粒和土壤孔隙状况,利用土粒密度和土壤容重可以计算土壤孔隙度。土粒密度,即单位体积土壤固体颗粒的烘干质量,绝大多数矿质土壤的土粒密度在 $2.6 \sim 2.7 \text{ g} \cdot \text{cm}^{-3}$ 之间,常规作业可按 $2.65 \text{ g} \cdot \text{cm}^{-3}$ 的平均值来计算。土壤孔隙度也称土壤孔度,是指土壤孔隙容积占土壤总容积的百分数。土壤孔隙是粗细土粒之间或土粒与土粒集合之间的空隙,其大小受土壤质地、土壤结构和土壤有机质含量等的影响,通常黏质土壤孔隙度大、砂质土壤孔隙度小,土壤结构性好的孔隙度高,有机质含量高的孔隙度高。一般农田耕作层的孔隙度在50%左右,而心土、底土可能低至35%。土壤孔隙度的性质简称土壤孔性,是通过描述土壤孔隙总量及孔隙大小的分布关系来反映土壤肥力综合特性的指标。

通过土壤容重的测定和土壤孔隙度的计算,可以表达土壤的组成、颗粒的排列状况和水汽养分的协调与利用关系等重要的土壤性质,了解土壤肥力水平对把控农业生产有重要意义。

本实验要求学生掌握测定土壤容重的原理及方法,学会利用土壤容重和土粒密度计算土壤孔隙度,学会利用计算结果判断土壤孔性、结构性。

二、实验方法和原理

土壤容重的测定方法有环刀法、水银排出法、蜡封法、温度－密度仪法等。本实验所用的环刀法是传统的方法,具有操作简便、结果准确等优点。

环刀法测定原理:即用一定容积(100 cm^3 或 200 cm^3)的环刀,采挖结构未被破坏的土壤,使土壤充满其中,烘干后称重,计算单位容积的烘干土质量即土壤容重。

三、实验器具

容积为 100 cm^3(或 200 cm^3)的钢制环刀,环刀托,土铲,削土刀,电子天平(感量 0.1 g),烘箱,干燥器,铝盒,铁锤。

四、实验步骤

1. 耕作层土壤容重测定,应先选择采样点,清理表层植物残体,平整地面;测定不同层次土壤容重时,应先选择合适地块,挖开剖面,对剖面划分不同层次,分层采样。

2.在室内先将环刀内壁均匀涂上凡士林,逐个称量环刀的质量,精确至0.1 g,环刀容积一般为100 cm³或200 cm³,环刀结构如图2-6-1所示。

3.将环刀刃口向下垂直于地面(剖面测量时刃口垂直于剖面),用环刀托推动环刀压入土中,直至土样充满钢筒,一般环刀托盖表面与地面(剖面)平齐即可,勿深入推动环刀破坏土壤结构。操作过程中用力要均匀,使土样平稳进入环刀。

4.用铁锹或土铲切开环刀外围的土壤,取出已采满土的环刀,若土壤过于黏重,动作宜轻、幅度宜小,避免环刀刃口处土壤缺失。用削土刀清理环刀四周多余的土,注意轻削刃口一侧。立即为环刀顶和底两端加盖,防止水分蒸发。随即称重(精确到0.1 g)并记录。

5.将环刀内的土壤,无损转入已知质量的铝盒中,放入烘箱中在105 ℃条件下连续烘8 h以上至恒重。从烘箱中取出样品,称重。

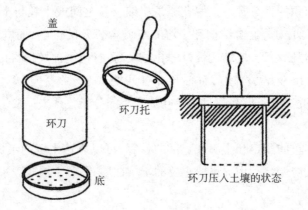

图2-6-1 环刀结构

6.结果记录于表2-6-1中。

表2-6-1 土壤容重测定记录表

采样地点:　　　　　采样深度:

重复	环刀质量/g	环刀+湿土质量/g	湿土质量/g	铝盒+湿土质量/g	铝盒+干土质量/g	土壤含水量/%	容重/(g·cm⁻³)	容重平均值
1								
2								
3								

五、结果计算

1.按下列公式计算土壤容重:

$$环刀内干土质量(g) = \frac{100\%}{100\% + 土壤含水量(\%)} \times 环刀内湿土质量(g)$$

$$土壤容重(g \cdot cm^{-3}) = \frac{环刀内烘干土质量(g)}{环刀容积(100\ cm^3)}$$

2. 按下列方法计算土壤总孔隙度:

$$总孔隙度 = \left(1 - \frac{容重}{密度}\right) \times 100\%$$

式中密度取 2.65 g · cm^{-3}。

以经验公式,计算土壤总孔隙度。

$$总孔隙度 = (93.947 - 32.995 \times 土壤容重) \times 100\%$$

通过表 2 - 6 - 2,按土壤容重取值查找土壤总孔隙度。方法举例:容重 = 0.87 时,总孔隙度 = 65.24%;容重 = 1.72 时,总孔隙度 = 37.20%,即以 a 行(容重取值的前两位数)查找 b 列(容重取值的第三位数),交叉数值即为土壤总孔隙度。

表 2 - 6 - 2　土壤总孔隙度(%)查对表

a	b									
	0.00	0.01	0.02	0.03	0.04	0.05	0.06	0.07	0.08	0.09
0.7	70.85	70.52	70.19	69.86	69.53	69.20	68.87	68.54	68.21	67.88
0.8	67.55	67.22	66.89	66.56	66.23	65.90	65.57	65.24	64.91	64.58
0.9	64.25	63.92	63.59	63.26	62.93	62.60	62.27	61.94	61.61	61.28
1.0	60.95	60.62	50.29	59.96	59.63	59.30	58.97	58.64	58.31	57.88
1.1	57.65	57.32	56.99	56.66	56.33	56.00	55.67	55.34	55.01	54.68
1.2	54.35	54.02	53.69	53.36	53.03	52.70	52.37	52.04	51.71	51.38
1.3	51.05	50.72	50.39	50.06	47.73	49.40	49.07	48.74	48.41	48.08
1.4	47.75	47.42	47.09	46.76	46.43	46.10	45.77	45.44	45.11	44.79
1.5	44.46	44.43	43.80	43.47	42.14	42.81	42.48	42.12	41.82	41.49
1.6	41.16	40.83	40.50	40.17	39.84	39.51	39.18	38.85	38.52	38.19
1.7	37.86	37.53	37.20	36.87	36.54	36.21	35.88	35.55	35.22	34.89

3. 根据以下公式计算土壤三相比:

$$土壤固相 = \frac{容重}{比重} \times 100\%$$

$$土壤液相 = 土壤含水量 \times 容重 \times 100\%$$

$$土壤气相 = 1 - 土壤固相(\%) - 土壤液相(\%)$$

$$土壤三相比 = 土壤固相:土壤液相:土壤气相$$

六、注意事项

1. 使用铁锤、土刀等工具要注意安全。

2. 采土时,遇石砾或其他杂物,应更换地点重新采样。

3. 若土层坚实,可用小锤慢慢敲打,环刀压入要平稳,不能插入土壤太深,容易造成土壤压缩,导致容重值偏大。

七、作业题

1. 土壤容重、比重、孔隙度与土壤肥力有何关系?

2. 不同质地的土壤,为什么容重和总孔隙度不同?

3. 测定土壤容重,为什么要用环刀采集原状土?

实验七　土壤机械组成分析与质地确定

一、实验目的和说明

土壤机械组成分析是指对土壤中各级土粒所占百分比进行确定,或称土壤颗粒大小分析,它是研究土壤的基本资料之一。土壤颗粒是构成土壤固相的基本颗粒,土壤颗粒的大小影响着土壤的理化性状。土壤质地是土壤稳定的自然属性之一,它是通过土壤机械组成分析划分的土壤类型,它对土壤水、肥、气、热的保持和运动,微生物的活性,作物的生长发育都有重要的作用。因此,测定土壤机械组成的意义非常重大。

本实验要求学生学习土壤机械组成分析的方法,掌握比重计法测定土壤机械组成的原理及操作步骤,学会利用土壤机械组成分析的结果确定土壤质地,以及评价土壤肥力状况。

二、实验方法和原理

本实验采用比重计法,该方法是土壤机械组成的速测法,具有简单省时的优点,但准确度较差。比重计法的基本原理是依据司笃克斯定律进行测定的,该定律对静水中沉降的球形颗粒进行研究,发现球形颗粒沉降的速度与其半径的平方成正比,而与介质的黏滞系数成反比,如下述公式的表达:

$$v = \frac{2}{9}gr^2 A, A = \frac{d_1 - d_2}{\eta} \text{即} v = \frac{2}{9}gr^2 \frac{d_1 - d_2}{\eta}$$

式中:

v——在介质中半径为 r 的球形颗粒沉降的速度,$cm \cdot s^{-1}$;

g——重力加速度,$cm \cdot s^{-2}$;

r——沉降颗粒的半径,cm;

d_1——沉降颗粒的密度,$g \cdot cm^{-3}$;

d_2——介质的密度,$g \cdot cm^{-3}$;

η——介质的黏滞系数,$g \cdot cm^{-1} \cdot s^{-1}$。

当作用于球形颗粒的力达到平衡时,球形颗粒匀速沉降,这时沉降的距离 S 与沉降的速度 v 和时间 t 成正比,即

$$t = \frac{S}{\frac{2}{9}gr^2 \frac{d_1 - d_2}{\eta}}$$

因此,可以计算出不同大小土壤颗粒在不同温度下,在水中沉降一定距离所需要的时间,进而得出土壤悬液中所含土粒(即小于某粒级土粒)的数量,并计算该土壤中各级土粒的百分比,从而确定土壤的机械组成,并最终确定土壤质地。

1. 土样的分散处理:农田土壤往往是许多大小不同的土粒相互胶结在一起的复粒或黏团,其沉降速度无法与单粒相比,在测定前必须进行分散处理,使其成为单粒状态。根据土壤 pH 值不同选择不同的分散剂,若土壤中代换性 Ca^{2+}、Mg^{2+} 数量较多,一般采用六偏磷酸钠$[(NaPO_3)_6]$作为分散剂;中性土壤选择草酸钠($Na_2C_2O_4$)、酸性土壤选择氢氧化钠(NaOH)作为分散剂。通过计算土壤交换量,来决定土壤分散剂的加入量,过多易造成胶体凝聚,过少则分散不彻底。

2. 沉降与测定:将土样制成悬液,静置悬液中各级土粒以不同的速度沉降,随之悬液比重也发生变化,将土壤比重计放入悬液中,在不同时间测定其比重,并计算各粒级的含量。甲种比重计(鲍氏比重计)的读数即代表每升土壤悬液中土粒悬浮的克数,单位 $g \cdot L^{-1}$,不用再做换算。

悬液的密度也随之不断改变,不同时间将土壤密度计放入悬液中,测其密度,再由悬液密度计算出各级土粒的质量。甲种比重计就是据此关系,使其每个刻度表示 1 L 悬液中有 1 g 土粒悬浮,可直接读出土粒质量,不必再计算。

黏粒
粉砂
细砂
粗砂

沉降法

图 2 - 7 - 1 沉降法示意图

三、实验器具

甲种比重计,温度计(±0.1 ℃),沉降筒(1 000 mL 量筒),橡皮头玻璃棒,烘箱,计时器,分析天平,铝盒,干燥器,振荡器,小铜筛(0.1 mm),小量筒(10 mL)等。

四、试剂配制

1. 0.5 mol · L^{-1}氢氧化钠(NaOH)溶液:称取 20 g 化学纯 NaOH,溶解定容至 1 L,摇匀备用。

2. 0.25 mol · L^{-1}草酸钠($1/2 \ Na_2C_2O_4$)溶液:称取 33.5 g 化学纯 $Na_2C_2O_4$,溶解定容至 1 L,摇匀备用。

3. 0.5 mol · L^{-1}六偏磷酸钠$[1/6(NaPO_3)_6]$溶液:称取 51 g 化学纯$(NaPO_3)_6$,溶解定容至 1 L,摇匀备用。

4. 软水:将 200 mL Na_2CO_3加入 1 500 mL 自来水中,静置一夜,上清液即为软水,若自来水硬度较大,可适当增加 2% Na_2CO_3 的用量。

5. 10% HCl:取相对密度 1.19 的 HCl 230 mL,稀释至 1 000 mL。

五、实验步骤

1. 测试土壤有无碳酸反应:取表面皿,放少量待测土样,向土样中滴入数滴 10% HCl,观察气泡产生情况。

2. 准确称取 50 g 过 1 mm 孔径土筛的风干土样,放于 500 mL 锥形瓶中,然后加入 20 mL 0.25 mol·L^{-1} 1/2$Na_2C_2O_4$ 作为分散剂[石灰性土壤加 60 mL 1/6($NaPO_3$)$_6$、酸性土壤加 40 mL NaOH],再加软水至总体积约为 250 mL,加塞强烈振荡 30 min,使土粒分散成单粒状态以便制备悬浮液。

3. 将振荡后的土样,用洗瓶(经 0.1 mm 小铜筛)仔细无损地洗入 1 000 mL 的沉降筒中,至过筛的水透明为止,加软水定容至 1 000 mL,使其构成土壤悬液,放在平稳无阳光直射的桌面上,备用。

4. 测量沉降筒中悬液温度,根据比重计温度校正值表读取并记录校正值。土壤密度计的刻度是以 20 ℃ 为准的,但测定时悬液温度会有所不同,温度的不同会影响沉降速度,可对照表 2 - 7 - 1 查找温度校正值,计算出实测数值。

5. 用搅拌棒上下搅拌土壤悬液 1 min(下至筒底,上至液面,起落约 30 次)。取出搅拌棒,立即计时。根据溶液温度,查表 2 - 7 - 2 找出 <0.05 mm、<0.01 mm、<0.005 mm 和 <0.001 mm 土壤颗粒在当时温度下,沉降到比重计测定点所需要的时间(如此时溶液温度为 22 ℃,则分别在 55 s、25 min、1 h 50 min、48 h 读数),分别在搅拌后相应的时间,用比重计测其读数(比重计与水平面弯月面上缘相交)。

6. 用洗瓶将留在小铜筛上的土粒(>0.1 mm),洗入已知质量的铝盒中,105 ℃ 烘干后过 0.5 mm 及 0.25 mm 孔径的筛,分别称重,计算 >0.5 mm、>0.25 mm、>0.1 mm 颗粒的质量。

7. 分散剂校正做空白实验。

8. 将实验结果记录于表 2 - 7 - 3 中。

表 2 – 7 – 1　土壤比重计温度校正值表

温度/℃	校正值	温度/℃	校正值	温度/℃	校正值	温度/℃	校正值	温度/℃	校正值
6.0	−2.2	14.5	−1.3	19.0	−0.3	23.5	+1.1	28.0	+2.9
8.0	−2.1	15.0	−1.2	19.5	−0.1	24.0	+1.3	28.5	+3.1
10.0	−2.0	15.5	−1.1	20.0	0.0	24.5	+1.5	29.0	+3.3
11.0	−1.9	16.0	−1.0	20.5	+0.2	25.0	+1.7	29.5	+3.5
11.5	−1.8	16.5	−0.9	21.0	+0.3	25.5	+1.9	30.0	+3.7
12.5	−1.7	17.0	−0.8	21.5	+0.5	26.0	+2.1	30.5	+3.8
13.0	−1.6	17.5	−0.7	22.0	+0.6	26.5	+2.3	31.0	+4.0
13.5	−1.5	18.0	−0.5	22.5	+0.8	27.0	+2.5	31.5	+4.2
14.0	−1.4	18.5	−0.4	23.0	+0.9	27.5	+2.7	32.0	+4.6

表 2 – 7 – 2　小于某粒径土粒沉降时间表(比重计法)

温度/℃	<0.05 mm	<0.01 mm	<0.005 mm	<0.001 mm
6	1 分 25 秒	40 秒	2 时 50 分	48 时
7	1 分 23 秒	38 秒	2 时 45 分	48 时
8	1 分 20 秒	37 秒	2 时 40 分	48 时
9	1 分 18 秒	36 秒	2 时 30 分	48 时
10	1 分 18 秒	35 秒	2 时 25 分	48 时
11	1 分 15 秒	34 秒	2 时 25 分	48 时
12	1 分 12 秒	33 秒	2 时 20 分	48 时
13	1 分 10 秒	32 秒	2 时 15 分	48 时
14	1 分 10 秒	31 秒	2 时 15 分	48 时
15	1 分 8 秒	30 秒	2 时 15 分	48 时
16	1 分 6 秒	29 秒	2 时 5 分	48 时
17	1 分 5 秒	28 秒	2 时	48 时
18	1 分 2 秒	27 分 30 秒	1 时 55 分	48 时
19	1 分	27 分	1 时 55 分	48 时
20	58 秒	26 分	1 时 50 分	48 时
21	56 秒	26 分	1 时 50 分	48 时
22	55 秒	25 分	1 时 50 分	48 时
23	54 秒	24 分 30 秒	1 时 45 分	48 时
24	54 秒	24 分	1 时 45 分	48 时
25	53 秒	23 分 30 秒	1 时 40 分	48 时
26	51 秒	23 分	1 时 35 分	48 时
27	50 秒	22 分	1 时 30 分	48 时

续表

温度/℃	<0.05 mm	<0.01 mm	<0.005 mm	<0.001 mm
28	48 秒	21 分 30 秒	1 时 30 分	48 时
29	46 秒	21 分	1 时 30 分	48 时
30	45 秒	20 分	1 时 28 分	48 时
31	45 秒	19 分 30 秒	1 时 25 分	48 时
32	45 秒	19 分	1 时 25 分	48 时
33	44 秒	19 分	1 时 20 分	48 时
34	44 秒	18 分 30 秒	1 时 20 分	48 时
35	42 秒	18 分	1 时 20 分	48 时

表 2-7-3　各级土粒含量表

所测粒径范围	沉降开始时间	静置时间	测定时间	比重计读数	空白校正值	温度校正值	比重计校正后读数	各级土粒含量	质地名称
<0.05 mm								0.01~0.05 mm	
<0.01 mm								0.005~0.01 mm	
<0.005 mm								0.001~0.005 mm	
<0.001 mm								<0.001 mm	

六、结果计算

1. 按公式计算

（1）比重计校正读数计算

比重计校正后读数(a,b,c,d) = 比重计读数 −（比重计空白校正值 + 温度校正值）

（2）各级土粒含量计算

①黏粒（<0.001 mm）= $\dfrac{<0.001\ \text{mm 粒级比重计校正后读数}(g)}{\text{烘干土质量}(g)} \times 100\%$

②细砂（0.001~0.005 mm）=

$$\dfrac{<0.005\ \text{mm 粒级比重计校正后读数}(g) - <0.001\ \text{mm 粒级比重计校正后读数}(g)}{\text{烘干土质量}(g)}$$
$$\times 100\%$$

③中砂（0.005~0.01 mm）=

$$\dfrac{<0.01\ \text{mm 粒级比重计校正后读数}(g) - <0.005\ \text{mm 粒级比重计校正后读数}(g)}{\text{烘干土质量}(g)}$$
$$\times 100\%$$

④粗砂(0.01 ~ 0.05 mm) =

$$\frac{<0.05\text{ mm 粒级比重计校正后读数}(g) - <0.01\text{ mm 粒级比重计校正后计数}(g)}{烘干土质量(g)}$$

$$\times 100\%$$

⑤中砂与粗砂(0.25 ~ 1 mm) = $\dfrac{>0.25\text{ mm 土粒烘干质量}(g)}{烘干土质量(g)} \times 100\%$

⑥细砂(0.05 ~ 0.25 mm) = 100% – (上述五种颗粒百分数之和)

2. 土壤质地名称确定

计算 <0.01 mm 或 >0.01 mm 土粒含量,依据表2 – 7 – 4,确定土壤质地名称,并注明采用的分类制。

<0.01 mm 土粒含量 = ① + ② + ③或 >0.01 mm 土粒含量 = ④ + ⑤ + ⑥

表2 – 7 – 4　土壤质地分类表(卡庆斯基土壤质地分类表)

<0.01 mm 物理性黏粒/%	>0.01 mm 物理性砂粒/%	土壤质地名称
0 ~ 5	95 ~ 100	粗砂土
5 ~ 10	90 ~ 95	细砂土
10 ~ 20	80 ~ 90	砂壤土
20 ~ 30	70 ~ 80	轻壤土
30 ~ 40	60 ~ 70	中壤土
40 ~ 50	50 ~ 60	重壤土
50 ~ 60	40 ~ 50	轻黏土
60 ~ 70	30 ~ 40	中黏土
>70	<30	重黏土

七、注意事项

1. 由于比重计放入沉降筒需要有一段稳定时间,通常比测定时间提前30 s将比重计轻轻放入,到达测定时间,比重计呈稳定状态方可读数,以减小测量误差。

2. 为了减小分散剂对测量结果的影响,要做空白校正(即不加土样,但其他操作同待测样)。

3. 比重计操作要小心,防止损坏。

4. 比重计校正值带有正负号,温度校正值亦带有正负号,且可能每次测定时不是一个温度。

八、作业题

1. 用比重计法测定土壤机械组成的实验原理是什么?

2. 根据实验结果,确认土壤质地类型,试分析该土壤的肥力状况如何。

实验八　土壤的大团聚体组成的测定

一、实验的目的和说明

土壤的结构状况可以反映土壤水、肥、气、热的供应和协调能力,是土壤肥力的鉴定指标之一,对土壤的生产性能有重要影响,具有一定的指导生产的意义。土壤结构的稳定性可分为水稳性、力稳性和生物稳定性,分别指示土壤结构对水、机械、生物外力作用所表现出的稳定性。土壤的结构状况通常是通过测定土壤团聚体来确定的。土壤团聚体是指单粒、复粒在各种自然因素作用下所形成的直径小于 10 mm 的结构的总和,土壤学通常把直径大于 0.25 mm 的结构称为土壤的大团聚体,而把小于 0.25 mm 的结构称为微团聚体。土壤大团聚体通常水稳性较差,遇水易崩解。测定土壤大团聚体,不仅可以了解土壤肥力状况,还可以了解土壤抗侵蚀的能力。

本实验要求学生初步掌握测定大团聚体组成的方法,了解大团聚体在生产上的意义。

二、实验方法和原理

土壤团聚体组成的测定,主要利用不同大小的筛子对土壤样品进行筛分,然后统计不同粒径大小的土壤颗粒的相对含量。这种方法包括干筛和湿筛两个环节,干筛是为了确定各级团聚体的含量,湿筛是为了了解大团聚体中水稳性团聚体的数量。根据筛分动力可分为人工筛分和机械筛分两种。本实验采用机械筛分法,即约得尔法。

三、实验器具

土壤团粒分析仪(组筛孔径为 5 mm、2 mm、1 mm、0.5 mm、0.25 mm,在水中上下振动 30 次/分),封闭的木盒或白铁盒,水桶(高 31.5 cm,直径 19.5 cm),电子天平,铝盒,烘箱,电热板,洗瓶,干燥器等。

四、实验步骤

1. 采样与制样

田间采样要选取无扰动地块,采样过程中要尽量保持土壤原有结构,所采土样未受挤压,还要注意土壤勿过湿、过干。一般采样深度视需要而定,土样取出后,放在结实的铝盒或木盒内,带回实验室内。

在室内,除去与工具接触有变形部分,按其自然结构轻轻剥开,成为约 10 mm 小块,剔除小石块和植物残体,进行室内风干,通常需两天到一周左右可以进行下一步实验。

2. 干筛

将土壤团粒分析仪的组筛套好,由上向下为 5 mm、2 mm、1 mm、0.5 mm、0.25 mm,将风干后的小样块分几次倒在组筛最上层,每次 100 ~ 200 g 进行干筛,保持相同转速小心摇动筛组,则土壤团聚体会随之筛到各层筛子上,直至各筛上样品质量基本无变化为止,将各筛上的土样分别进行称重(精确到 0.01 g),求出各筛上土样的百分含量,数据记录于表 2 − 8 − 1 内。

表 2 − 8 − 1 土壤团聚体分析结果表

样品编号	各级团聚体含量/%									
	2 ~ 5 mm		1 ~ 2 mm		0.5 ~ 1 mm		0.25 ~ 0.5 mm		<0.25 mm	
	干筛	湿筛	干筛	湿筛	干筛	湿筛	干筛	湿筛	干筛	湿筛

3. 湿筛

(1)根据干筛法所得各级团聚体的百分含量,按比例将干筛分取的风干土样配成 50 g(不把 <0.25 mm 的团聚体倒入湿筛样品内,以防在湿筛时堵塞筛孔,但在计算中需计算这一数值)。如干筛法所得样品在 1.0 ~ 2.0 mm 粒级的含量为 15%,则分配该级称样量为 50 g × 15% = 7.5 g,以此类推。

(2)将孔径为 5 mm、2 mm、1 mm、0.5 mm、0.25 mm 的组筛从小到大向上叠好,放在土壤团粒分析仪振荡架上,然后将按比例配好的 50g 样品置于筛上。将土壤团粒分析仪放入盛水的容器中,为了保证土壤团粒分析仪在工作过程中不离开水面,容器中水的高度应为没过 5 mm 筛的最上缘。

(3)开动马达,振荡 30 min。缓慢升起振荡架,使组筛离开水面,淋水后,将各级筛上的团聚体洗入已知质量的铝盒中,105 ℃烘干后称重(精确到 0.01 g),分别记录各级水稳性团聚体的质量,并计算其含量。数据记录于表 2 − 8 − 1 中。

五、结果计算

$$各级团聚体含量 = \frac{各级团聚体的烘干质量(g)}{烘干土质量(g)} \times 100\%$$

$$总团聚体含量 = 各级团聚体含量之和$$

$$各级团聚体含量占总团聚体含量的百分数 = \frac{各级团聚体含量}{总团聚体含量} \times 100\%$$

$$总团聚体占土样的百分比 = \frac{总团聚体烘干土质量(g)}{烘干土质量(g)} \times 100\%$$

六、注意事项

1. 干筛测得的土样不宜太干或太湿,即不黏土铲、不黏筛子,又能用手捻碎。
2. 一般进行 3~5 次平行重复实验,平行绝对误差应小于 3%。

七、作业题

1. 土壤中各级团聚体的组成测定的原理是什么?
2. 试根据测试结果评价该土壤的结构特性。

实验九　土壤的微团聚体组成分析

一、实验目的和说明

土壤微团聚体也称复粒、黏团,是指直径 <0.25 mm 的团粒结构。测定土壤微团聚体,了解微团聚体在浸水状况下的分散强度和结构性能,对于了解土壤的通气性、透水性、黏结性和胀缩性有很大的帮助。尤其对于黏质土壤和水田,微团聚体比大团聚体更重要,微团聚体可以判断土壤的潜在生产力。把土壤微团聚体的测定结果与土壤机械组成分析结果中 <0.001 mm 部分的含量进行比较,可计算出土壤的分散系数和结构系数,以表明土壤微团聚体的水稳性。土壤微团聚体的测定对评价土壤的农业利用价值有重大意义。

本实验要求学生初步掌握测定土壤微团聚体的方法,了解微团聚体在生产上的利用价值。

二、实验方法和原理

本实验采用吸管法测定土壤微团聚体。它的实验原理同土壤机械组成分析的原理,也是以司笃克斯定律为依据,按不同粒径微团聚体沉降时间的不同,以甲种比重计测定土壤悬液中的各粒级含量,所不同的是:在处理样品时,不用分散剂,只是通过物理办法(振荡)来分散样品。

三、实验器具

0.25 mm 和 1 mm 土筛,250 mL 锥形瓶,1 000 mL 沉降筒,天平,漏斗,铝盒,振荡器,电热板,干燥器,烘箱,甲种比重计或吸管装置等。

四、实验步骤

1. 采样与制样:此环节同土壤的大团聚体组成的测定。

2. 称取过 1 mm 土筛的风干土样 10.00 g,倒入 250 mL 锥形瓶中,加蒸馏水至约为 150 mL,静置浸泡 24 h,另称 10.00 g 土样,烘干法测吸湿水含量。

3. 将盛有样品且静置后的锥形瓶置于往返式振荡器上振荡 2 h(振荡频率 200 次/分),得到土壤微团聚体标准悬液。

4. 将振荡后的悬液通过 0.25 mm 土筛,洗入 1 000 mL 沉降筒中,定容。将未通过 0.25 mm土筛的微团聚体洗入铝盒内,烘干后称重,并计算百分比。

5. 测量制备好的悬液的温度,按照颗粒分析的操作步骤测定微团聚体的数量(参见土壤机械组成分析的实验步骤)。

五、结果计算

1. 土壤微团聚体的计算公式同土壤机械组成分析。土壤分散系数和结构系数参照下列公式计算。

$$分散系数 = \frac{a}{b} \times 100\%$$

$$结构系数 = \frac{b-a}{b} \times 100\% = 1 - 分散系数$$

式中：

a——微团聚体分析结果中 <0.001 mm 部分的含量；

b——土壤机械组成分析结果中 <0.001 mm 部分的含量。

2. 土壤团聚度：

$$土壤团聚度 = \frac{A-B}{B} \times 100\%$$

式中：

A——微团聚体分析时，$0.05 \sim 1$ mm 颗粒的含量；

B——土壤机械组成分析时，$0.05 \sim 1$ mm 颗粒的含量。

六、注意事项

1. 土壤微团聚体分析时的注意事项同土壤机械组成分析和土壤大团聚体分析。

2. 分散系数和结构系数计算公式仅供研究和鉴定土壤形成水稳性团聚体的能力，以及研究土壤微团聚体稳定性时参考，对研究黏质土壤更为适用。

七、作业题

1. 吸管法应用于土壤微团聚体组成与土壤机械组成分析有什么本质区别？

2. 微团聚体测定时，为什么采用振荡的方法而不是用化学分散剂得到土壤微团聚体的标准悬液？

实验十　土壤的坚实度测定

一、实验目的和说明

土壤坚实度即土壤硬度,也称作土壤紧实度,是指外物穿透土壤所遇到的阻力,单位为 $kg \cdot cm^{-2}$。土壤坚实度的大小通常反映土壤的结构特点及孔隙度状况,因此与容重关系密切,通常容重越大,在含水量等其他条件相同时,土壤坚实度也就越大。本实验通过测定不同土层多点土壤的坚实度,结合土壤水分测定,试图找出两者的相关关系及变化规律。

测定土壤坚实度最主要的用途是了解土壤的机械性,通过农业机械在土壤上的作业能力,判断农业机械对土壤的压实程度,以及农业机械所遇到的耕作阻力和作物根系的穿插阻力,为正确评价土壤耕性提供参考,为合理地改进农业机械提供依据,为制定科学的农业技术措施奠定基础。

本实验要求学生学会使用土壤硬度计,并能通过土壤硬度来做出相关预判。

二、实验方法和原理

土壤硬度计由探头、弹簧、挡土板、有刻度套筒和游标组成。当探头深入土中,挡土板被阻隔在外时,弹簧被压缩,根据弹簧被压缩的距离与作用力的大小,再结合土壤的受压面积即可得出土壤坚实度数值。

三、实验器具

土壤硬度计、标尺。

四、实验步骤

1. 选取实验地(平整地面),四分法预选 5 个样点,如图 2 - 10 - 1 所示。

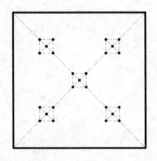

图 2 - 10 - 1　选取样点示意图

2. 以螺钉将挡土板连接到测力仪上,固定把手。

3. 安装探头,并拧紧。

4. 打开电源,开机。

5. 设置测量单位(kg)。

6. 选择 PEAK(手动峰值状态)测量模式。

7. 探头尖端垂直于地表面,依次在不同深度土层插入测量。

8. 存储所测得数据。测定完毕,拔出土壤硬度计。

9. 关闭电源。

10. 卸下挡土板上的把手,拆下安装板与探头,擦拭干净放于箱内。

11. 记录数据于表 2 - 10 - 1 中,以供数据处理和分析。

表 2 - 10 - 1　土壤坚实度记录表

测试地点:　　　　测试日期:　　　　测定人:　　　　记录人:

测试地点	取样深度/cm	土壤坚实度/$(kg \cdot cm^{-2})$					平均土壤坚实度/ $(kg \cdot cm^{-2})$
		1	2	3	4	5	
A	5						
	10						
	15						
	20						
B	5						
	10						
	15						
	20						
C	5						
	10						
	15						
	20						
D	5						
	10						
	15						
	20						
E	5						
	10						
	15						
	20						

五、结果分析

1. 求出不同土层的土壤坚实度的平均值。

2. 分析不同土层土壤坚实度的动态变化情况,绘制土壤坚实度变化曲线图。

3. 分析各土层五个测试点的土壤坚实度变化规律,并绘制变化曲线图,如图 2 - 10 - 2 所示。

4. 分析各土层五个测试点的土壤体积含水量与土壤坚实度的相关性,并绘制变化曲线图,如图 2 - 10 - 3、2 - 10 - 4 所示。

5. 分析该土壤耕性,给出合理的土壤坚实度指标,为机械耕作及作物生长提供科学依据。

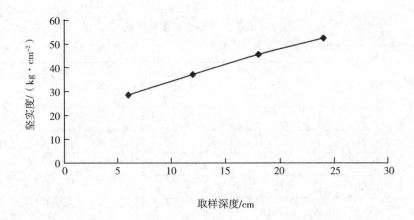

图 2 - 10 - 2 不同土层的土壤坚实度变化示意图

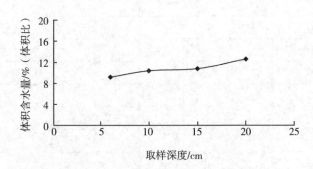

图 2 - 10 - 3 不同土层的土壤体积含水量变化图

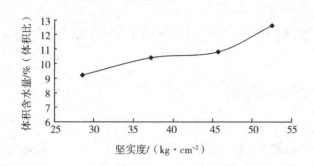

图 2 - 10 - 4　土壤坚实度与土壤体积含水量相关性曲线图

六、作业题

1. 如何确定测定土壤坚实度的最适取样深度？
2. 综合分析土壤含水量和土壤坚实度之间的关系。

实验十一　土壤流限和塑限的测定

一、实验目的和说明

土壤结持性直接影响土壤的物理性质和土壤耕性。土壤耕性是土壤结持性在耕作条件下的综合表现,影响农业机械的工作效率和耕作质量,影响农作物幼苗和根系的发育。土壤在湿润状态下,可被外力改变成各种形状,当外力作用停止后,仍能保持其形变的性质,称为塑性。土壤只有在一定的湿润范围内才具有塑性,过湿、过干的土壤都不具有塑性。土壤刚出现塑性时的含水量称为塑限(也叫塑性下限),当土壤失去塑性时的含水量称为流限(也叫塑性上限)。土壤的塑性是衡量土壤力学性质的重要指标,对农田耕作具有重要意义。

本实验要求学生了解土壤流限、塑限的测定方法,学会计算土壤流限、塑限和塑性指数。

二、实验方法和原理

1. 土壤流限的测定方法和原理

本实验采用锥式流限仪测定流限,此法是依据圆锥体的沉入法原理,即当顶角为 Ψ 的圆锥体沉入土体时,圆锥体与土体接触面的剪切强度(τ)的关系如下:

$$\tau = \frac{m\cos\dfrac{\Psi}{2}}{S} = \frac{m\cos\dfrac{\Psi}{2}}{\pi rL} = \frac{m\cos\dfrac{\Psi}{2}}{\pi h^2 tg\dfrac{\Psi}{2}}$$

式中:

Ψ——圆锥体顶角度数°;

m——圆锥质量,g;

S——圆锥体与土体接触面积,cm²;

r——圆锥体与土体表面相切处的圆的截面半径,$r = h \cdot tg\dfrac{\Psi}{2}$;

L——圆锥体与土体表面相切处至圆锥顶端的距离,$L = \dfrac{h}{\cos\dfrac{\Psi}{2}}$;

h——圆锥体入土深度。

规定:流限是顶角(Ψ)为30°,质量为76 g的圆锥体沉入土体10 mm时的土壤含水量。

2. 土壤塑限的测定方法

本实验采用滚搓法。

三、实验器具

锥式流限仪。

天平(感量0.01 g),铜筛(孔径0.5 mm),蒸发皿,铝盒,土刀,毛玻璃板(10 cm × 15 cm 或 15 cm × 20 cm),烘箱,干燥器,滴管,直径为 3 mm 的铁丝等。

四、实验步骤

1. 土壤流限

(1)取通过0.5 mm铜筛的风干土样50 g,放入蒸发皿中,加水搅拌成稠糊状,用湿布盖上,静置一夜。

(2)用土刀将上述土样搅拌至分层,装入试杯,注意土体勿留气泡和空隙,用土刀将土面抹匀,并与杯口平齐。

(3)将锥式流限仪平稳放于桌面上,调整平衡度,在圆锥体上涂薄层凡士林,将圆锥体垂直于试杯土样中心,轻放圆锥体,使其自由沉入土样中。

(4)若圆锥体沉入深度正好在圆锥体环形刻度线(10 mm)时,取出圆锥体,用土刀挖取锥孔附近未粘有凡士林的土样10 g以上。以烘干法测其含水量,即为流限(塑性上限)。

若圆锥体经15 s后,沉入深度超过10 mm或不足10 mm,即说明土样含水量高于或低于流限,必须重新搅拌(取出样品,在蒸发皿中搅拌,使水分适度蒸发,不可以风干土掺入搅拌)。

(5)数据记录于表2-11-1中。

表2-11-1　流限测定数据记录表

铝盒号	铝盒质量	铝盒+湿土质量	铝盒+干土质量	流限	流限均值
Ⅰ					
Ⅱ					
Ⅲ					

2. 土壤塑限

(1)取风干土样(<0.5 mm)30 g左右于蒸发皿中,适当加水搅拌,用手充分混合至土壤能形成长方形土块为止,然后用湿布盖上静置一夜,也可直接选取流限测定时已弄好的土样。

(2)为使试样含水量接近塑限,经验做法是:将试样在手中轻轻揉捏至不粘手的程度,或在空气中适当晾干。

(3)取含水量接近塑限的一小块试样,在毛玻璃板上用手捏成团,并轻轻搓滚成直径为 3 mm 的粗条,若此土条自行断裂为 6~12 mm 长的土段,则此时土壤样品的含水量即为塑限。搓滚时,要均匀适度施压,在土条接近 3 mm 直径时轻压,注意土条不能出现硬壳或中空现象。

(4)若土条直径达 3 mm 却未产生断裂或裂缝,说明此时土样的含水量高于塑限,应重新毁成团,重复步骤(4)继续搓滚,直至达直径 3 mm 时,有裂缝产生,并形成断裂为止。

(5)取搓滚断裂直径为 3 mm 的土条 4 ~ 5 g,用烘干法测定其含水量,即为塑限(塑性下限)。

(6)将实验数据记录于表 2 - 11 - 2 中。

表 2 - 11 - 2 塑限测定数据记录表

铝盒号	铝盒质量	铝盒 + 湿土质量	铝盒 + 干土质量	塑限	塑限均值
Ⅰ					
Ⅱ					
Ⅲ					

五、结果计算

1. 参考以下公式计算土壤流限。

$$W_r = \frac{m_1 - m_2}{m_2 - m_0} \times 100\%$$

式中:

W_r——土壤流限;

m_1——铝盒 + 湿土质量,g;

m_2——铝盒 + 干土质量,g;

m_0——铝盒质量,g。

本实验每个样品均须进行 2 ~ 3 次平行测定,取其算术平均值,平行绝对误差 ≤ 2%。

2. 参考以下公式计算土壤塑限。

$$W_p = \frac{m_3 - m_4}{m_4 - m_0} \times 100\%$$

式中:

W_p——土壤塑限;

m_3——铝盒 + 湿土质量,g;

m_4——铝盘 + 干土质量,g;

m_0——铝盒质量,g。

本实验须进行 2 ~ 3 次平行测定,取其算术平均值,平行绝对误差 ≤ 2%。

3. 塑性指数计算。

$$I_\mathrm{p} = W_\mathrm{r} - W_\mathrm{p}$$

式中：

I_p——塑性指数；

W_r——土壤流限；

W_p——土壤塑限。

六、注意事项

1. 锥式流限仪测流限时，土刀刮除多余土样时，不能用土刀反复涂抹或敲击，以免产生析水现象。锥式流限仪底座应平稳置于稳固桌面上，避免振动。每次测定后，圆锥体必须涂抹凡士林。本方法适用于有机质小于5%的土样，若土壤有机质含量在5%~10%仍可应用，但需要记录备注。

2. 对高塑性土样，搓至直径3 mm而断开时，即可对土样称重测其含水量，但对低塑性土样，当搓滚至直径为3 mm时，如只出现裂缝却不断裂，再搓滚又出现破碎，则此时的含水量即达塑限。本方法适用范围与流限相同，若土条始终在大于3 mm直径时出现断裂，则可判断该土样没有塑限。每做完一个样品，应擦净毛玻璃板，避免相互产生影响。

七、作业题

1. 什么是塑限、流限、塑性指数？
2. 土壤可塑性与土壤耕性有何关系？

实验十二　土壤呼吸强度的测定

一、实验目的和说明

土壤空气组成的变化主要表现为消耗 O_2 和积累 CO_2。土壤空气中 CO_2 主要来源于动物、微生物、植物根系的呼吸作用和有机质的分解、碳酸盐溶解等，受土壤温度、湿度、质地、结构、孔隙度等的影响，并随时间、空间而变化。受土壤固相的阻隔，土壤空气中 CO_2 浓度通常是大气中 CO_2 浓度的 10 倍以上，土壤空气中 CO_2 浓度大，不利于作物根系生长，而排出 CO_2 可消除对根生长的影响，还可促进作物光合作用的进行。土壤空气的组成、变化是土壤肥力的一个重要方面，因此，了解土壤性质就需要了解土壤的呼吸强度，也即了解土壤排出 CO_2 的能力，此外，土壤呼吸强度指标还在一定程度上反映着土壤的生物活性。

本实验要求学生学习土壤呼吸强度测定的方法，掌握碱液吸收法测定土壤呼吸强度的原理及操作步骤，学会利用土壤呼吸强度的测定结果调控土壤结构和孔隙度。

二、实验方法和原理

本实验采用碱液吸收法测定土壤呼吸强度。即用 NaOH 吸收土壤呼吸释放的 CO_2，生成 Na_2CO_3，先以酚酞作为指示剂，用 HCl 滴定，中和剩余的 NaOH，并使生成的 Na_2CO_3 转变为 $NaHCO_3$，再以甲基橙作为指示剂，用 HCl 滴定，使 $NaHCO_3$ 转变为 NaCl，甲基橙作为指示剂环节所消耗 HCl 的量的 2 倍即为中和 Na_2CO_3 的用量，从而可计算出吸收 CO_2 的量。测定过程的化学反应式如下：

$$2NaOH + CO_2 \longrightarrow Na_2CO_3 + H_2O$$
$$NaOH + HCl \longrightarrow NaCl + H_2O$$
$$Na_2CO_3 + HCl \longrightarrow NaHCO_3 + NaCl$$
$$NaHCO_3 + HCl \longrightarrow NaCl + H_2O + CO_2$$

根据实验条件可选择室内测定和室外测定两种方法。

三、实验器具

铝盒，烧杯，容量瓶，培养皿，酸式滴定管，干燥器，电子天平，玻璃罩（30 cm × 30 cm × 30 cm 为宜）等。

四、试剂配制

1.2 mol $\cdot$ L^{-1} NaOH：称取 80.0 g 分析纯 NaOH，溶于 1 000 mL 水（去离子水）中。

2.0.5 mol $\cdot$ L^{-1} HCl 标准溶液：量取约 42 mL 的盐酸（HCl，$\rho \approx 1.19$ g $\cdot$ mL^{-1}，分

析纯),放入 1 L 容量瓶中,去离子水定容,用 Na_2CO_3 标定。

3.0.5% 酚酞指示剂:称取 0.5 g 酚酞溶于 50 mL 95% 乙醇中,再加 50 mL 去离子水,滴加 NaOH 溶液,直至指示剂呈淡红色。

4.0.1% 甲基橙指示剂:称取 0.1 g 甲基橙,加蒸馏水 100 mL,热溶解,冷却后过滤备用。

五、实验步骤

1.室内测定法

(1)称取新鲜土样(相当于干土 20 g),放于 150 mL 烧杯中。

(2)准确吸取 2 mol · L^{-1} NaOH 10 mL 于另一只 150 mL 烧杯中。

(3)取干燥器,无须放置干燥剂,将两只烧杯同时放入,盖严顶盖,放置 1~2 d。

(4)取出烧杯,将 NaOH 洗入 250 mL 容量瓶中,定容至刻度。

(5)吸取容量瓶中 NaOH 溶液 25 mL,加 1 滴酚酞指示剂,用标准 HCl 溶液(0.5 mol · L^{-1})滴定至无色,再加 1 滴甲基橙指示剂,继续用标准 HCl 溶液(0.5 mol · L^{-1})滴定至溶液由橙色变为黄色,分别记录两次使用的标准 HCl 溶液的量。

(6)与步骤(1)同时做空白实验,即取同款干燥器,不放入土样,只放 NaOH,盖严顶盖,1~2 d 后同步骤(4)、(5),记录标准 HCl 溶液的用量。

2.室外测定法

(1)准确移取 10~20 mL NaOH(2 mol · L^{-1})溶液置于锥形瓶中,瓶口盖上胶塞,携带到实验地。

(2)在待测点铺一些树枝,树枝上放置一培养皿,既要保证培养皿平稳,又不要影响土壤通气。将携带的 NaOH 溶液倒入培养皿中。

(3)全部装置以玻璃罩罩住,玻璃罩与土壤交接处用土封严,如图 2 - 12 - 1 所示。

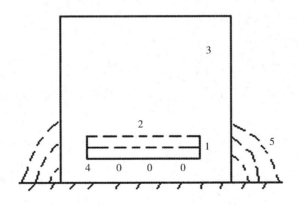

图 2 - 12 - 1 室外土壤呼吸强度测定示意图

0.树枝截面 1.培养皿 2.NaOH 溶液 3.玻璃罩 4.树枝 5.覆土

（4）放置 1~5 d 后，将 NaOH 洗入 250 mL 容量瓶中，定容至刻度。此过程必须经过室外转移至室内环节，可将培养皿以保鲜膜覆严带回。其余同室内测定法，并记录标准 HCl 溶液的用量。

（5）与步骤（1）同时做空白实验，即在地面铺上塑料布或木板盖住土壤，放置盛装 NaOH 溶液的培养皿，将玻璃罩罩在塑料布或木板上，将玻璃罩与塑料布接口用土壤封严。1~5 d 后带回室内，同室内测定法，并记录标准 HCl 溶液的用量。

六、结果计算

1. 室内测定法结果计算

（1）250 mL 溶液中 CO_2 的质量（g）

$$m_1 = (V_1 - V_2) \times c \times \frac{44}{2 \times 1\,000} \times \frac{250}{25}$$

式中：

m_1——250 mL 溶液中 CO_2 的质量，g；

V_1——甲基橙作为指示剂时滴定待测液所用 HCl 体积的 2 倍，mL；

V_2——甲基橙作为指示剂时滴定空白试样所用 HCl 体积的 2 倍，mL；

c——HCl 的物质的量浓度，mol · L^{-1}；

$\dfrac{44}{2 \times 1\,000}$——$CO_2$ 的毫摩尔质量，g · $mmol^{-1}$；

$\dfrac{250}{25}$——分取倍数。

（2）换算为土壤呼吸强度（CO_2，mg · g^{-1} · h^{-1}）

$$土壤呼吸强度 = m_1 \times \frac{1}{m} \times \frac{1}{24}$$

式中：

m——实验所用土壤的质量，g；

24——实验所经历的时间，h。

2. 室外测定法结果计算

先计算 250 mL 溶液中 CO_2 的质量 m_2［g，方法同室内测定法］，再计算土壤呼吸强度（CO_2，mg · m^{-2} · h^{-1}）。

$$土壤呼吸强度 = \frac{m_2}{S \times 24} \times 1\,000$$

式中：

S——玻璃罩面积，m^2；

24——实验所经历的时间，h。

七、注意事项

1. 无论室内测定法还是室外测定法,收集 CO_2 装置的密封性一定要好,以防空气中的 CO_2 影响测定结果。

2. 放置装有 NaOH 的容器时,动作要迅速,尽量避免空气中 CO_2 的进入。

3. 采集箱可选用正方体或长方体,不宜过大,也不宜太小,以 30 cm × 30 cm × 30 cm 大小为宜。

八、作业题

1. 计算土壤呼吸强度。

2. 比较室内测定法和室外测定法的优缺点。

3. 如何判断 NaOH 溶液的用量?

实验十三 土壤中微生物数量的测定

一、实验目的和说明

土壤并不是单纯的化肥和土壤颗粒的简单结合,土壤中的微生物可参与土壤结构的形成。微生物是土壤中的活跃组成部分,在其自身的代谢过程中,通过二氧化碳和氧气的交换,以及分泌的有机酸性物质等能帮助土壤的团粒结构增大,最终形成真正意义上的土壤。土壤中微生物的生命活动、生物量与土壤的形成和发育关系密切。根际土壤微生物对植物的生长有一定调节作用,与植物共生的微生物如真菌、根瘤菌等能为植物直接提供磷素、氮素和其他矿质元素的营养以及氨基酸、有机酸、维生素等各种有机营养,促进植物的生长。可见,植物根部营养与土壤微生物密切相关。所以土壤中微生物总数的测定对农业生产活动具有非常重要的意义。

本实验要求学生学习平皿计数法测定土壤微生物的菌群数量,掌握平皿计数法的原理及操作步骤。

二、实验方法和原理

本实验采用平皿计数法测定土壤中微生物数量(总数),通常用牛肉膏蛋白胨培养基培养细菌,高氏1号培养基培养放线菌,孟加拉红培养基培养真菌。细菌、放线菌和真菌分别在恒温箱培养1~2 d、3~5 d、5~7 d后长成菌落,分别进行计数,最后统计微生物的总数。

三、实验器具

超净工作台、立式自动电热压力蒸汽灭菌器、全温空气摇床、4 ℃冰箱、电热恒温水浴锅、恒温培养箱、电子天平、磁力搅拌器、漩涡振荡器、微量移液器、移液管、微波炉等。

四、培养基配制

1.按表2-13-1的配方制备细菌培养基(牛肉膏蛋白胨培养基)。

表 2 - 13 - 1　细菌培养基配方

试剂	数量
牛肉膏	5.0 g
蛋白胨	10.0 g
NaCl	5.0 g
蒸馏水	1 000 mL
琼脂	15 ~ 20 g
pH = 7.2 ~ 7.4	

（1）称取蛋白胨 10.0 g、牛肉膏 5.0 g，放入 100 mL 小烧杯中，然后加入 50 mL 蒸馏水，置电炉上搅拌加热至蛋白胨和牛肉膏完全溶解。

（2）向 1 000 mL 大烧杯中加入蒸馏水 500 mL，将溶解的蛋白胨和牛肉膏倒入大烧杯中，并用蒸馏水冲洗 2 ~ 3 次，加入 5.0 g NaCl，在电炉上边加热边搅拌。

（3）加入琼脂粉或洗净的琼脂条 15 ~ 20 g，边加热边搅拌至琼脂完全溶化，水量补足至 1 000 mL。

（4）用 HCl 或 NaOH 调 pH 值至 7.0。一般 pH 值比要求的要高出 0.2，因为经过高压蒸汽灭菌后，会降低培养基的 pH 值。

（5）根据实验需要的不同，可将配好的培养基分装入锥形瓶或试管内，并塞好棉塞。注意分装时应避免锥形瓶瓶口或管口沾上培养基，否则会产生杂菌污染。如分装固体培养基，分装量不超过试管高度的 1/5；液体培养基分装量不超过试管高度的 1/4；装入锥形瓶的量不应超过最大容积的一半。把棉塞塞好，装入灭菌筐内，然后用牛皮纸或旧报纸将棉塞部分包好，贴好标签，标注配制日期、培养基的名称等。

（6）高压蒸汽灭菌，0.1 MPa、121 ℃灭菌 30 min。

2. 按表 2 - 13 - 2 配方制备放线菌培养基（改良高氏 1 号培养基）。

表 2 - 13 - 2　放线菌培养基配方

试剂	数量
可溶性淀粉	20 g
KNO_3	1 g
K_2HPO_4	0.5 g
$MgSO_4 \cdot 7H_2O$	0.5 g
NaCl	0.5 g
$FeSO_4 \cdot 7H_2O$	0.01 g
pH = 7.2 ~ 7.4	

（1）根据所需培养基的量，按照配方计算出各种试剂的用量，然后分别准确称量。

（2）先称取淀粉，用少量冷水将其调成糊状，然后倒入少许沸水中，在电炉或电磁炉上边加热边搅拌，同时依次逐一溶解其他成分，最后补足水分至 1 000 mL，调节 pH

值(可不调)。

（3）分装、包扎、灭菌。

注：各成分按配方顺序依次溶解，对于微量成分，可预先配成高浓度的贮备溶液，使用时按照浓度换算成所需要的浓度应加入的量即可。

另外，倒平板之前，加重铬酸钾溶液于培养基中，浓度为 100 ppm（1 ppm = 10^{-6} mol·L^{-1}）。

3. 按表 2 - 13 - 3 配方制备孟加拉红培养基。

表 2 - 13 - 3　孟加拉红培养基配方

试剂	数量
葡萄糖	10.0 g
$MgSO_4 \cdot 7H_2O$	0.5 g
蛋白胨	5.0 g
孟加拉红	33.4 mg（或者每升加 1% 溶液 3.3 mL）
K_2HPO_4	1 g
蒸馏水	1 000 mL
pH = 4 ~ 5	

（1）根据所需培养基的量，按照配方计算出各种试剂的用量，然后分别准确称量。

（2）在 1 000 mL 烧杯中加入少量水，然后将各成分按照培养基的配方顺序依次加入到烧杯中，溶解各成分，一边加入一边搅拌，最后补足水分至 1 000 mL，再加入 3.3 mL 1% 的孟加拉红溶液，混匀后，加入 15 ~ 20 g 琼脂粉或干净的琼脂条，在电磁炉或电炉上加热溶化琼脂。

（3）分装、加塞、包扎、灭菌。

（4）待温度降低至 45 ℃左右时加入链霉素（链霉素受热易分解）。

五、实验步骤

1. 样品采集

在靠近植株根系部分，将表层 0 ~ 5 cm 的表土去除，然后采集 5 ~ 20 cm 范围的土壤剖面，多点分散采集，混匀后采用四分法称取 1 kg 土样，放入塑料袋（无菌）中，带回，置于 4 ℃冰箱存放。

2. 悬液制备

准确称取 10 g 土样，放入锥形瓶中（事先加入 90 mL 无菌水），为了使土样与水混合充分，土样中的微生物细胞充分露出并分散，将锥形瓶置于一定转数的摇床上，振荡 20 min，即为 10^{-1}（稀释度）的土壤悬液。用无菌吸管吸取 9 mL 10^{-1} 土壤悬液，放入盛有 9 mL 无菌水的试管中，并用无菌吸管反复吹吸三次，以便使土壤悬液充分混匀，即制成 10^{-2} 土壤悬液。

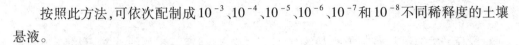

按照此方法,可依次配制成 10^{-3}、10^{-4}、10^{-5}、10^{-6}、10^{-7} 和 10^{-8} 不同稀释度的土壤悬液。

3. 土壤悬液稀释度选择

(1)细菌: $10^{-6} \sim 10^{-4}$。

(2)放线菌: $10^{-5} \sim 10^{-3}$。

(3)真菌: $10^{-4} \sim 10^{-2}$。

以上分别设置三个浓度梯度,采用稀释平板法测定,每个测量重复两次。

4. 接种(平板接种技术)

平板接种是用移液管将一定体积的菌液移至平板培养基上,或用接种环将菌种接至平板培养基上,然后进行培养。其目的是进行活菌计数、分离纯化菌种、菌落形态观察等。根据实验目的的不同,其方法常有以下几种。

(1)斜面菌种接至平板

划线法:在超净工作台中,用接种环从斜面试管中直接挑取少量菌体,在平板培养基表面分区划线或从左向右连续划线,特别注意不能把培养基划破。或将固体菌种制成菌悬液,无菌操作挑取一环于平板培养基上进行划线接种。

点接法:一般用于霉菌菌落观察的接种。在超净工作台中,用无菌接种针从孢子悬液中或斜面上取少量孢子,在平板培养基上轻轻点接,点接的次数和点接的部位根据实验要求与目的确定。

(2)菌悬液接至平板

涂抹法:在超净工作台中,用无菌移液管吸取一定量的菌悬液于平板培养基上,然后用玻璃涂棒蘸取少量酒精,在酒精灯火焰上灭菌,待冷却后,将菌液涂布均匀即可。

混菌法:在超净工作台中,将菌悬液加入灭过菌的培养皿中,然后加入 $45 \sim 50 \ ℃$ 的固体培养基(熔化状态)中,轻轻摇匀,注意培养基不要沾到皿盖上,待培养基完全凝固后,倒置培养。

(3)平板菌种接至斜面

实验过程中已得到菌体的单菌落,可在超净工作台中,将单菌落转接到斜面试管中,扩大培养或直接保存菌种。具体操作如下:选好单菌落并标记,一般在酒精灯火焰外焰操作,右手拿接种环,左手拿平板,接种环用酒精灯外焰干热灭菌,待冷却后,挑取标记菌落,放下左手平板,拿起斜面试管,划线接种。

5. 培养

将所有平板和试管置于 $25 \sim 28 \ ℃$ 的恒温培养箱中,避光倒置培养。培养时间由短到长分别为:

(1)细菌:$1 \sim 2 \ d$。

(2)真菌:$3 \sim 5 \ d$。

(3)放线菌:$5 \sim 7 \ d$。

6. 镜检计数

稀释平板菌落计数。平板接种培养有混合平板培养法和涂抹平板培养法两种方法。

（1）混合平板培养法

将无菌平板编上 10^{-7}、10^{-8}、10^{-9} 号码，每个浓度编号做三个重复，按无菌操作要求用无菌吸管吸取 10^{-9} 稀释液各 1 mL 放入对应浓度编号的 3 个平板中，同法做 10^{-8} 和 10^{-7} 稀释液。注意：按照 10^{-9}、10^{-8}、10^{-7} 顺序操作时，可不必更换吸管。然后在上述 9 个平板中分别倒入 45 ~ 50 ℃ 的细菌培养基（溶化状态），紧贴桌面上轻轻转动平板，使培养基与菌悬液充分混匀，待培养基凝固后，在 30 ℃ 条件下倒置培养 1 ~ 2 d，即可计数。

（2）涂抹平板培养法

将培养基溶化后，趁热倒入无菌平板中，每个培养皿倒入 15 ~ 20 mL，待培养基完全凝固后进行浓度梯度编号。然后用无菌吸管吸取 0.1 mL 所需浓度菌悬液，按照相应编号进行接种。把玻璃刮刀在酒精灯火焰上灭菌后进行涂布，同一稀释度的稀释液可用同一个灭菌刮刀，不同稀释度的稀释液最好更换不同刮刀进行涂布。涂布均匀后，将各平板在桌面上静止 20 ~ 30 min，保证菌悬液充分渗入培养基内，在适宜的温度下倒置培养至长出菌落，即可计数。

结果计算时，若菌悬液稀释度符合下列原则，则可用其计算菌落总数。

（1）同一菌悬液稀释度，各重复间的菌落数相差不大。

（2）放线菌、真菌和细菌，以每个培养皿菌落 30 ~ 300 个为宜，霉菌菌落以每个培养皿 10 ~ 100 个为宜。选出符合条件的菌悬液稀释度后，即可按下式计算平板中的菌落总数。

混合平板培养法：

样品菌落数 = 稀释倍数 × 同一稀释度几次重复的菌落平均数

涂抹平板培养法：

样品菌落数 = 稀释倍数 × 10 × 同一稀释度几次重复的菌落平均数

注意：实验过程中，要根据各类微生物的基本特征，严格区分细菌、真菌、放线菌菌落，以免识别不准对结果产生影响。

六、结果计算

$$土壤微生物数量（CFU \cdot g^{-1}）= MD/m$$

式中：

M——菌落平均数；

D——稀释倍数；

m——土壤烘干质量，g。

七、注意事项

1.配制孟加拉红培养基需要注意:倒平板之前滴加链霉素 2 ~ 3 滴,抑制放线菌的生长。

2.平板培养基制备完成后,最好室温条件下放置一天,确保培养基表面干燥。

3.在准备好的培养基上接种无菌水作为对照,检测平板是否有污染。

4.吸取 10^{-6}、10^{-8} 和 10^{-10} 稀释液 100 mL,均匀涂布。

八、作业题

1.用一根无菌移液管接种几个不同浓度的土壤悬液时应注意什么? 为什么?

2.平板接种后,为什么要倒置培养?

3.菌落计数的原则是什么?

实验十四　土壤微生物量碳的测定

一、实验目的和说明

土壤微生物量碳是指土壤中活的微生物体中含有的碳总量,是土壤的有机态碳中最易变化和最活跃的部分。土壤微生物量碳与土壤中的 C、N、P、S 等养分的循环密切相关,对土壤有机质和养分循环起着重要作用,其变化可间接或直接地反映土壤肥力和耕作制度的变化。同时土壤微生物中的碳是一个重要的活性养分库,直接调控着土壤养分的保持和释放。由于土壤微生物量碳通常是恒定的,所以也可采用土壤微生物量碳来表示土壤微生物生物量的大小。

本实验要求学生学习氯仿熏蒸浸提法测定土壤微生物量碳,掌握氯仿熏蒸浸提法的原理及操作步骤。

二、实验方法和原理

本实验采用氯仿熏蒸浸提法测定土壤微生物量碳,即土壤被氯仿熏蒸,氯仿能破坏微生物的细胞膜而将细胞杀死。细胞中的细胞质部分,在酶的作用下可自溶并转化为 K_2SO_4 溶液可提取的成分。提取液中的碳含量可采用总有机碳分析仪或重铬酸钾容量法测定。以不熏蒸和熏蒸土壤中有机碳量之差除以转换系数,即可估计土壤微生物量碳。

三、实验器具

培养箱,干燥器,真空泵,往复式振荡器(速率 $200\ r \cdot min^{-1}$),冰箱,磷酸浴。

四、试剂配制

1. 无乙醇氯仿:量取 500 mL 氯仿于 1 000 mL 的分液漏斗中,加入 50 mL 硫酸溶液(浓度为 5%),充分摇匀,把上层硫酸溶液弃去,重复 3 次。再加入去离子水50 mL,充分摇匀,把上部的水分弃去,重复 5 次。在得到的纯氯仿中加入无水 K_2CO_3 约 20 g,置于棕色瓶中,放入冰箱中冷藏保存备用。

2. $0.5\ mol \cdot L^{-1} K_2SO_4$ 溶液:在 1 L 去离子水中加入 K_2SO_4(化学纯)87.10 g,加热溶解。

3. $0.200\ 0\ mol \cdot L^{-1}\ 1/6\ K_2Cr_2O_7$ 溶液:将适量 $K_2Cr_2O_7$(分析纯)在 130 ℃ 条件下烘干 2~3 h,然后准确称取 9.811 0 g,溶解于 1 L 的去离子水中。

4. $K_2Cr_2O_7$ 标准溶液 $[c(1/6\ K_2Cr_2O_7)=0.100\ 0\ mol \cdot L^{-1}]$:将适量 $K_2Cr_2O_7$(分析纯)在 130 ℃ 条件下烘干 2~3 h,然后准确称取 4.905 5 g,溶解于 1 L 去离子水中。

5. 邻菲啰啉指示剂:在 100 mL 去离子水中先溶解 0.70 g $FeSO_4 \cdot 7H_2O$,然后称取

1.49 g 邻菲咯啉指示剂($C_{12}H_8N_2 \cdot H_2O$,分析纯)溶于上述去离子水中,于棕色瓶中密闭保存。

6.硫酸亚铁溶液[$c(FeSO_4) = 0.05$ mol $\cdot$ L^{-1}]:称取 $FeSO_4 \cdot 7H_2O$ 约 13.900 5 g,溶解于 600 ~ 800 mL 去离子水中,加入 20 mL 浓硫酸(化学纯),均匀搅拌,定容至 1 L,保存在棕色瓶中。该溶液稳定性差,用时需要重新标定其浓度。

五、实验步骤

1. 采样与样品预处理

新采集到的土样应立即除去根系、植物残体及可见的动物(如蚯蚓)等,然后迅速过筛(2 ~ 3 mm),或放在低温下(2 ~ 4 ℃)保存。若土壤含水量较大会导致无法过筛,则需要晾干土壤。为避免局部风干导致微生物死亡,需要注意经常翻动土壤。过筛的土样调节至田间持水量的 50% 左右,在密闭容器中室温条件下预培养 7 d,为了保持土样湿度和吸收释放的 CO_2,在两个 50 mL 的烧杯中分别加入稀 NaOH 和水,然后置于密闭容器中。最好立即分析预培养后的土壤,如需保存,则需要在低温下(2 ~ 4 ℃)操作,不能超过 10 d。

2. 熏蒸

在 3 个 100 mL 的烧杯中,分别称取湿润土壤 3 份,每份质量相当于 20.0 g 烘干土的质量,然后放入同一干燥器中。为了保持湿度,干燥器底部需要放置盛有少量水的小烧杯,同时放入一个装有约 50 mL 的无乙醇氯仿(氯仿用量可根据干燥器大小而增减,同时加入少量的直径约为 0.5 mm 的碎瓷片)的小烧杯和一个装有 50 mL NaOH 溶液的小烧杯。干燥器用少量凡士林密封,用真空泵抽气至氯仿沸腾并维持至少 2 min,然后把干燥器的阀门关闭,黑暗条件下、25 ℃放置 24 h。

打开阀门,若无空气流动的声音,则表明干燥器漏气,需要重新进行熏蒸。若干燥器不漏气,则取出装有氯仿、水和碱液的烧杯,氯仿可回收重复利用。把干燥器底部擦净,用真空泵反复抽气,直到土壤闻不到氯仿气味为止。

开始熏蒸时,可另称取 3 份等量土样,用 K_2SO_4 溶液浸提(见下一步骤),空白对照为不加土样。浸提剂保存在室温下,可存放 7 d,温度越低,保存时间越长。

3. 浸提

熏蒸完成后,将全部土样转移到 250 mL 的塑料振荡瓶中,加入 0.5 mol $\cdot$ L^{-1} K_2SO_4 溶液(1:4 水土比) 80 mL,在往复式振荡器上振荡浸提 30 min(25 ℃,185 r $\cdot$ min^{-1},转速根据仪器进行调整),必须使土样完全振荡开,过滤。

4. 测定

在硬质消煮管中放入 10 mL 浸出液,加入 0.200 0 mol $\cdot$ L^{-1} $K_2Cr_2O_7$ 标准溶液 5 mL、浓 H_2SO_4 5 mL,并加入少量抗爆物质,在磷酸浴(170 ~ 180 ℃)上煮沸 10 min,冷却,消化管用去离子水洗涤,全部转移至 150 mL 锥形瓶中,总体积约为 70 mL,加入邻菲咯啉指示剂 2 滴,用 $0.05\ mol \cdot L^{-1}\ FeSO_4$ 溶液滴定剩余的 $K_2Cr_2O_7$。滴定终点的判定:溶液颜色由橙黄色变为蓝绿色,再变为棕红色。

5. 测定土壤含水量

在铝盒中放入上述湿润土样 5.00 g,在烘箱(105 ℃)中烘 8 h,称量干重。

六、结果计算

1. 可浸提有机碳(EC)的计算

$$EC = (V_0 - V_1) \times c \times 3 \times ts \times 1\ 000\ /m$$

式中:

EC——土壤可浸提有机碳,$mg \cdot kg^{-1}$;

V_0——空白样滴定时所消耗的 $FeSO_4$ 体积,mL;

V_1——滴定样品时所消耗的 $FeSO_4$ 体积,mL;

c——$FeSO_4$ 溶液的浓度,$mol \cdot L^{-1}$;

3——1/4C 的毫摩尔质量,$M(1/4C) = 3\ mg \cdot mmol^{-1}$;

1 000——克转换为千克的系数;

ts——分取倍数;

m——土样的烘干质量,g。

2. 微生物量碳(BC)的计算

$$BC = \Delta EC/K_{EC}$$

式中:

BC——土壤微生物量碳,$mg \cdot kg^{-1}$;

ΔEC——未熏蒸土样有机碳量与熏蒸土样有机碳量之差,$mg \cdot kg^{-1}$;

K_{EC}——氯仿熏蒸后,被杀死的微生物细胞中的碳被浸提出来的比例,一般取 0.38。

七、注意事项

1. 使用硫酸亚铁溶液时,必须标定其准确浓度,因其容易被空气氧化。

2. 测定前需要把土样中可见的动物(如蚯蚓等)及植物残体(如根、茎、叶)去除,过筛,彻底混匀。若土样水分过大,应在室内适当风干,以手感疏松湿润不结块为宜。

八、作业题

1. 简述氯仿熏蒸浸提法测定微生物量碳的原理。

2. 根据实验经验,如何判断滴定终点?

3. 测定土壤微生物量碳有何意义?

实验十五　土壤有机质含量的测定

一、实验目的和说明

土壤有机质是土壤的重要组成部分,通常是指土壤中含碳的有机物质的数量,其中需要除去动植物残体和外来有机质。土壤有机质含有植物生长的各种营养物质,也是土壤中微生物的生命能源,参与土壤结构的形成,对土壤的水、肥、气、热和耕性都有重要的影响和调节作用。在进行土壤肥力测定时,有机质是重要的指标之一。

本实验要求学生掌握土壤有机质含量的测定原理和方法,熟练掌握土壤有机质的测定步骤,学习利用实验结果评价土壤肥力水平。

二、实验方法和原理

测定土壤有机质含量的方法有很多,经典方法有干烧法和湿烧法,这两种方法可以获得准确的结果,但测定时需要特殊的仪器设备,而且测定时间较长,一般实验室只作为标准方法校核使用。目前,世界各国使用较多的是重铬酸钾容量法(外加热法),也称为丘林法。

重铬酸钾容量法的测定原理:在 $170 \sim 180$ ℃油浴条件下,用过量的 $K_2Cr_2O_7$ - H_2SO_4 溶液氧化土壤有机质(碳),再以 $FeSO_4$ 溶液滴定剩余的 $K_2Cr_2O_7$,以所消耗的 $K_2Cr_2O_7$ 的量计算土壤有机质含量。测定过程的化学反应式如下:

$$2K_2Cr_2O_7 + 3C + 8H_2SO_4 \longrightarrow 2K_2SO_4 + 2Cr_2(SO_4)_3 + 3CO_2 + 8H_2O$$

$$K_2Cr_2O_7 + 6FeSO_4 + 7H_2SO_4 \longrightarrow K_2SO_4 + Cr_2(SO_4)_3 + 3Fe_2(SO_4)_3 + 7H_2O$$

$FeSO_4$ 溶液滴定 $K_2Cr_2O_7$ 过程中使用邻菲咯啉作为指示剂,亚铁离子与邻菲咯啉分子络合,形成邻菲咯啉亚铁络合物(红色),遇强氧化剂,Fe^{2+} 被氧化为 Fe^{3+},其络合物为淡蓝色,该过程反应如下:

$$[(C_2H_8N_2)_3Fe]^{2+} - e^- \longrightarrow [(C_2H_8N_2)_3Fe]^{3+}$$

$$\text{红色} \qquad\qquad\qquad \text{淡蓝色}$$

滴定开始时溶液呈现橙色,主要显现重铬酸钾的颜色,滴定过程中逐渐呈现绿色,近终点时变为灰绿色,主要呈现的是 Cr^{3+} 的绿色,再过量滴入半滴标准 $FeSO_4$ 溶液,即变成红色,则为滴定终点。

与干烧法测有机质含量相比,重铬酸钾容量法测得的土壤碳含量并不完全,通常只能氧化90%的有机碳,因此需要乘以校正系数1.1。

三、实验器具

油浴锅,分析天平,硬质玻璃试管,试管夹,温度计(300 ℃),烧杯(1 000 mL),锥形瓶(250 mL),弯颈小漏斗,酸式滴定管(50 mL),洗瓶,铁架台,5 mL移液管,试管架。

四、试剂配制

1. 重铬酸钾标准溶液$[c(\frac{1}{6}K_2Cr_2O_7) = 0.800\ 0\ mol \cdot L^{-1}]$:称取$K_2Cr_2O_7$(分析纯)39.224 5 g,加入热蒸馏水400 mL,搅拌溶解,冷却后定容到1 L容量瓶中。

2. 硫酸亚铁溶液$[c(FeSO_4) = 0.2\ mol \cdot L^{-1}]$:56.0 g $FeSO_4 \cdot 7H_2O$(分析纯),溶于水,加5 mL浓H_2SO_4,用水定容至1 L。

3. 邻菲咯啉指示剂:1.485 g邻菲咯啉(分析纯)及0.695 g $FeSO_4 \cdot 7H_2O$(分析纯)溶于100 mL水中,贮于棕色瓶中。此时试剂呈棕红色,为邻菲咯啉亚铁络合物$[Fe(C_{12}H_8N_3)_3]^{2+}$。

4. 浓硫酸$(H_2SO_4, \rho = 1.84\ g \cdot cm^{-3}$,分析纯)。

5. 矿物油或植物油或浓磷酸。

6. 二氧化硅:SiO_2,粉末状。

五、实验步骤

1. 准确称取风干土样(<0.25 mm)0.300 0 g(有机质含量的土样称重范围为0.100 0~0.500 0 g),放入已清洗并干燥后的硬质玻璃试管中,用移液管移取5 mL $K_2Cr_2O_7$标准溶液(0.800 0 mol · L^{-1})于硬质玻璃试管内,再向其中准确加入5 mL浓硫酸,小心缓慢摇匀,将清洁干燥的弯颈小漏斗置于试管口冷凝水蒸气。

2. 将油浴锅接通电源,升温至185~190 ℃,小心摆放硬质玻璃试管于油浴锅中,加热过程温度宜控制在170~180 ℃,以试管中溶液微沸为起点,计时5 min。

3. 取出硬质玻璃试管,冷却,擦净试管外壁油滴,将内容物转移并洗入250 mL锥形瓶中,控制瓶内总体积在60~80 mL之间,然后加入3~5滴邻菲咯啉指示剂,以$FeSO_4$溶液(0.2 mol · L^{-1})滴定,观察滴定过程中颜色变化,当溶液经橙色、绿色、灰绿色突变至棕红色即为终点。

4. 每一批样品测定时,做两个空白实验,用少许SiO_2代替土样,其他操作与试样相同,记录$FeSO_4$滴定数,取其平均值。

5. 结果记录于表2-15-1中。

表 2 – 15 – 1　土壤有机质测定数据记录表

采样地点　　　　　　　采样深度

数据	重复		
	Ⅰ	Ⅱ	空白
风干土质量/g			
烘干土质量/g			
$\frac{1}{6}$ $K_2Cr_2O_7$ 浓度/(mol · L^{-1})			
滴定前 $FeSO_4$ 读数/mL			
滴定后 $FeSO_4$ 读数/mL			
$FeSO_4$ 用量/mL			
有机质含量/(g · kg^{-1})			
平均/(g · kg^{-1})			
相对偏差			

六、结果计算

$$土壤有机质含量(g \cdot kg^{-1}) = \frac{\frac{0.800\,0 \times 5}{V_0} \times (V_0 - V) \times 0.003 \times 1.724 \times 1.1}{m} \times 1\,000$$

$$土壤有机质含量 = 土壤有机质含量(g \cdot kg^{-1}) \times 10 \times 100\%$$

式中：

V_0——滴定空白实验用去 $FeSO_4$ 溶液体积，mL；

V——滴定土样用去 $FeSO_4$ 溶液体积，mL；

0.800 0——$\frac{1}{6}$ $K_2Cr_2O_7$ 标准溶液的浓度，mol · L^{-1}；

5——所用 $K_2Cr_2O_7$ 标准溶液的体积，mL；

0.003——$\frac{1}{4}$ C(碳)的毫摩尔质量，g · $mmol^{-1}$；

1.724——按土壤有机质平均碳含量为58%计算，将土壤碳含量换算成有机质含量的系数；

1.1——校正系数；

1 000——克换算成千克；

m——烘干土质量，g。

七、注意事项

1. 此法重铬酸钾和浓硫酸用量恒定，因此氧化的有机质数量亦是恒定的，而不同的土壤有机质其含量也不同,应根据其有机质含量多少来决定称样量,若有机质含量小于2%,应称0.5 g以上土样;有机质含量为2%~4%的称样0.2~0.5 g;有机质含量为4%~7%的称样0.1~0.2 g;有机质含量为7%~15%的称样0.01~0.05 g;有机质含量超过15%的,不用此法,可改用干烧法。

2. 氧化消煮后的溶液,应呈黄色或黄绿色,偏黄色为标准,若溶液呈现明显绿色,即说明称取土样过多,以至重铬酸钾氧化不完全。

3. 此法使用强氧化剂来氧化土壤有机质中的碳,再以土壤有机质平均碳含量(58%)为标准,来推算土壤有机质的含量,因此应乘以1.724的换算系数。又因为氧化过程并不彻底,通常只有实际量的90%,所以应乘以校正系数1.1。

4. 在进行石灰性土壤有机质含量测定时,浓H_2SO_4必须慢慢加入,以防浓H_2SO_4对$CaCO_3$的分解作用引起剧烈发泡。

5. 应严格控制硬质玻璃试管加热沸腾的时间为5 min,否则会影响测定结果。

6. 若滴定土样所消耗$FeSO_4$的量比空白实验用量的三分之一还少,可判定为氧化不完全,应减少称样量重新操作。

八、土壤有机质丰缺参考指标

土壤有机质丰缺参考指标如表2-15-2所示。

表2-15-2　土壤有机质含量与丰缺程度

土壤有机质含量/%	丰缺程度
≤1.5	极低
1.5~2.5	低
2.5~3.5	中
3.5~5.0	高
>5.0	极高

九、作业题

1. 分析滴定待测土样所消耗$FeSO_4$的量比空白实验用量的三分之一还少的误差来源。

2. 说明换算系数1.724的意义。

3. 土壤有机质含量在判断土壤肥力方面有何意义?

4. 评价所测地块的土壤有机质状况。

实验十六　土壤酸碱度的测定

一、实验目的和说明

土壤酸碱度即土壤 pH。土壤溶液中氢离子浓度的负对数即为土壤 pH，也称为土壤活性酸度，是衡量土壤酸碱性的指标，土壤的酸碱性影响着土壤的基本理化性质，也直接影响土壤中养分的形态、转化和供应，进而影响土壤中植物的生长和微生物的活动。土壤 pH 的测定结果可以作为土壤酸碱性改良的参考指标，在农业生产上还可以用来指导施肥，确定施肥种类和施肥量。因此，测定土壤 pH 具有十分重要意义。

本实验学习电位法测定土壤 pH，要求掌握酸度计的测定原理与使用方法。

二、实验方法和原理

土壤 pH 的测定方法有比色法和电位法。电位法的精确度较高，测量误差约为 0.02 个单位，成为广为使用的常规测定方法。而野外速测因条件所限常用混合指示剂进行比色，精确度较低，测量误差在 0.5 个单位左右。

本实验采用电位法，使用酸度计测量土壤 pH。酸度计由电计和两个电极（常用的指示电极有玻璃电极、氢电极等，常用的参比电极有甘汞电极、银/氯化银电极等）组成，指示电极和参比电极与标准缓冲液间构成电池反应，会产生电位差，而电计可以在电池电路中捕捉电位的变化，进而通过电表表现出来，因此酸度计可直接读出 pH 值。

为了保证测量的精确度，在测定待测液 pH 值前，要用标准缓冲液对酸度计进行校正。碱性土壤用 pH = 9.18 的标准缓冲液校正；酸性土壤用 pH = 4.01 的标准缓冲液校正；中性土壤用 pH = 6.87 的标准缓冲液校正。

三、实验器具

酸度计，电极（玻璃电极、甘汞电极或复合电极，如图 2 - 16 - 1 所示），磁力搅拌器（或振荡器），天平，烧杯（50 mL），量筒（25 mL），玻璃棒，滤纸等。

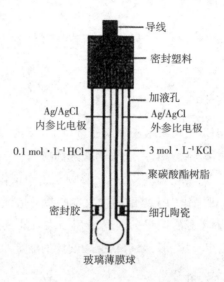

图 2 - 16 - 1　复合电极示意图

四、试剂配制

1. pH = 4.01 标准缓冲液：称取烘干的分析纯 $C_8H_5KO_4$（苯二甲酸氢钾）10.21 g，溶解并定容于 1 L 容量瓶中。

2. pH = 6.87 标准缓冲液：称取烘干的分析纯 KH_2PO_4（磷酸二氢钾）3.39 g，分析纯 Na_2HPO_4（无水磷酸氢二钠）3.53 g，溶解后定容至 1 L。

3. pH = 9.18 标准缓冲液：称取分析纯 $NaB_4O_7 \cdot 10H_2O$（硼砂）3.80 g，溶于 1 L 无 CO_2 的冷水中。此溶液的 pH 值易于变化，应注意保存。

4. 1 mol · L^{-1} KCl 溶液：称取分析纯 KCl 74.6 g，溶于 400 mL 蒸馏水中，用稀 HCl 或 10% KOH 溶液调 pH 至 5.5 ~ 6.0，稀释并定容至 1 L。

五、实验步骤

1. 待测液的制备：称取两份 10 g 风干土（< 1 mm），各放于 50 mL 烧杯中，一份加无 CO_2 蒸馏水 25 mL，另一份加 1 mol · L^{-1} KCl 溶液 25 mL（此时土水比为 1:2.5，含有机质的土壤改为 1:5），间歇振荡或搅拌 30 min（或用磁力搅拌器搅拌 1 min），静置 30 min 后用酸度计测定。

2. 仪器校正：将电极插入标准缓冲液中，则酸度计的电表即显示该缓冲液的 pH 值，移出电极，用蒸馏水冲洗，以滤纸吸干水后再插入另一标准缓冲液中，则电表即显示这一标准缓冲液的 pH 值。移出电极，用蒸馏水冲洗，以滤纸吸干水后待用。

3. 测定：把电极小心插入待测土壤悬液的上层清液中，轻摇烧杯，将电极与待测悬液充分接触，保证多孔感应陶瓷芯浸没在悬液中，注意不要将电极触到杯底，以防电极损坏。读数稳定后读取 pH 值。测完一个待测样，即用蒸馏水冲洗电极，并以滤纸吸干水后再测定下一个。为了保证精确度，最好每 5 ~ 6 个样品测定完即用缓冲液对仪器重新进行校正。

4.全部测量完毕,将电极完好保存于盒内,切断酸度计电源。

5.将所测结果填于表 2 - 16 - 1 中。

表 2 - 16 - 1　土壤 pH 记录表

数据	重复	
	I	II
自然土样质量/g		
pH(H_2O)		

六、注意事项

1.测定环境要检查有无氨气或酸性气体的影响。

2.玻璃电极的感应电极球极薄易碎,使用前要在蒸馏水中浸泡24 h,使用过程中要小心谨慎,轻拿轻放,玻璃电极不用时,可放在 pH = 4 缓冲液或蒸馏水中保存,长期不用应装入绒布袋并放在纸盒中保存。

3.酸度计的使用参照仪器说明书。

4.土水比会影响测定结果。为了便于比较,测定土壤 pH 的土样土水比应当固定。经实验测定,1∶1 的土水比,酸性、碱性土壤都能获得理想的测定结果,除了 1∶1 的土水比,酸性土壤也适用 1∶5 的土水比,而碱性土壤也适用 1∶2.5 的土水比进行测定。

5.尽量选择无 CO_2 的蒸馏水,以免影响测定结果。

6.甘汞电极一般需要灌注 KCl 饱和溶液,以保持溶液的饱和状态。若电极内无 KCl 结晶,应从侧面投入一些 KCl 晶体。甘汞电极不用时,可放在 1 mol·L^{-1} KCl 饱和溶液或纸盒中保存。

七、作业题

1.需要如何校准酸度计?

2.在测定 pH 时,为什么要将玻璃电极球部浸入土样的上清液中?

3.测定 pH 时如何选择土水比?

4.实验结束后如何保存电极?

实验十七　土壤氧化还原电位的测定

一、实验目的和说明

土壤氧化还原电位(Eh)是表示土壤氧化还原状况的强度指标。土壤中进行着多种复杂的生化和化学过程,其中占有重要地位的是氧化还原作用。土壤溶液的氧化还原状况受土壤空气中氧含量的影响比较明显,故为了大致了解土壤的通气状况,测定土壤的氧化还原电位是非常必要的。另外,某些水稻土中是否有亚铁离子、有机酸和硫化氢等毒害物质的出现,土壤中磷、氮的转化,这些都与土壤的氧化还原状况相关,因此,测定 Eh 具有重要的意义。

本实验要求学生学习土壤氧化还原电位的测定方法,掌握铂电极法测定土壤氧化还原电位的原理及操作步骤。

二、实验方法和原理

本实验采用铂电极法测定土壤氧化还原电位。参与土壤中氧化还原过程的物质基本可以分为有机体系和无机体系两大类。电子得失反应是氧化还原反应的实质,得到电子的物质被还原,失去电子的物质被氧化。测定时将饱和甘汞电极和铂电极插入土壤中,两者组合构成电池,在电路中传递电子的导体是铂电极。在铂电极上发生的反应有:氧化物质的还原,使铂电极失去电子;还原物质的氧化,使铂电极获得电子。两种情况同时存在,但方向相反,这两种趋势平衡的结果可决定铂电极的电位大小。一般电位差采用酸度计或氧化还原电位计测定,铂电极的电位,即土壤的氧化还原电位可根据不同温度下的饱和甘汞电极的电位进行计算。

三、实验器具

饱和甘汞电极,铂电极,温度计,酸度计。

四、实验步骤

本实验使用 pHS-29 型酸度计。在实验室内测定 Eh 时用交流电源,在田间测定时用直流电源,具体操作步骤如下:

1. 转动选择开关,如用交流电源应转到 AC 位置,直流电源应转到 DC 位置。

2. 将 pH-mV 转换开关拨到"mV"处。

3. 调节零点电位器,使指针指在 0 mV 处。

4. 将饱和甘汞电极的接线片接负极,铂电极的接线片接正极。然后在待测的土壤中将两支电极小心地插入。

5.电极插入 1 min 后按下读数开关,电计所指读数乘以 100 即为待测的电位差值的毫伏数(mV)。

6.若出现电计的指针反向偏转这种情况,则表明饱和甘汞电极的电位值高于 Eh 值,此时按相反的方法接电极,操作步骤同上,重新测定即可。

五、结果计算

实验仪器中的电位值读数,是饱和甘汞电极电位与铂电极电位(即土壤氧化还原电位)之差,土壤的电位值需要经进一步计算才能得到。从表 2-17-1 中查出饱和甘汞电极的电位(注意对应测定时的温度),再按下式计算。

1.如以饱和甘汞电极为负极,铂电极为正极,则

$$E_{测出} = Eh_{土壤} - E_{饱和甘汞电极}$$

$$Eh_{土壤} = E_{饱和甘汞电极} + E_{测出}$$

2.如以铂电极为负极,饱和甘汞电极为正极,则

$$E_{测出} = E_{饱和甘汞电极} - Eh_{土壤}$$

$$Eh_{土壤} = E_{饱和甘汞电极} - E_{测出}$$

表 2-17-1　饱和甘汞电极在不同温度时的电位

温度/℃	电位/mV	温度/℃	电位/mV
0	260	24	244
5	257	26	243
10	254	28	242
12	252	30	240
14	251	35	237
16	250	40	234
18	248	45	231
20	247	50	227
22	246		

六、注意事项

1.最好在田间直接测定土壤氧化还原电位。如特殊情况不能直接测定,则必须采原状土,立即用石蜡或胶布密封,迅速带回实验室内。土样打开后,先刮去 1 cm 表层土壤,立即插入电极测定。因铂电极接触到的土壤面积极小和土壤的不均一性,需要多点重复测定,最后取平均值。对测定结果影响较大的是测定时的平衡时间,因此,在田间直接测定时,电极插入土样 1 min 即可读数,若指针不平稳,左右摆动,此时可把平衡时间延长。但各重复点要保持同样的平衡时间,并在报告结果时注明所用平衡时间。如果 30 min 后指针仍不稳定,则应该重新更换电极,并检查是否存在其他原因。

2. 对同一土层的不同部位、不同土层或不同土壤做系列比较测定时,应采用不同的铂电极进行测定。若采用同一支铂电极进行测定,则会造成测定结果偏高或偏低,这是铂电极表面性质改变后造成的滞后现象。

3. 使用铂电极前需要经清洁处理,以除去表面的氧化膜。处理的方法是:配制 $0.2 \text{ mol} \cdot \text{L}^{-1} \text{HCl} - 0.1 \text{ mol} \cdot \text{L}^{-1} \text{NaCl}$ 的溶液,加热至微沸,然后按照每 100 mL 溶液中加 0.2 g 的量,加入少量固体 Na_2SO_4,搅匀后,浸入铂电极,可继续微沸 30 min。注意加热过程中要保持溶液体积不变,可适当加水处理。

4. 因土壤的酸碱度和氧化还原平衡间的关系比较复杂,氢离子浓度在一定程度上会影响土壤的氧化还原平衡,所以土壤的氧化还原电位也因 pH 不同而有一定的变化。为了便于对测定结果进行比较,消除 pH 对氧化平衡电位的影响,则要经 pH 校正。一般以 pH = 7 为标准,按氢体系的理论值 $\Delta Eh / \Delta pH = -60 \text{ mV}$(30 ℃),pH 值每上升一个单位,则 Eh 需下降 60 mV 来进行校正。例如:土壤在 pH = 5 时测得的氧化还原电位为 320 mV(可用 $Eh_5 = 320 \text{ mV}$ 表示);换算成 pH = 7 时,电位就降为 200 mV(可用 $Eh_7 = 200 \text{ mV}$ 表示)。但应注意,土壤中存在复杂的氧化还原体系,氧化还原平衡受氢离子影响也存在不同的方式,所以这种换算的正确性不能保证。同一土壤在不同阶段的氧化还原过程中也会存在不同的 $\Delta Eh / \Delta pH$ 关系。因此,建议采取 pH 和 Eh 并存的表示方法,借以说明土壤在某一 pH 条件下的 Eh 值。

5. 在田间进行测定,如果旱地土壤较为干燥时,土样与电极不容易接触紧密,则会对测定结果产生影响。解决办法:可喷洒一些蒸馏水润湿土壤,稍停片刻后再进行测定。

七、作业题

1. 影响土壤氧化还原电位的因素有哪些?

2. 土壤氧化还原电位的高低对作物生长有什么影响?

3. 哪些因素会影响氧化还原电位的测定?

实验十八　土壤水溶性盐总量的测定

一、实验目的和说明

土壤水溶性盐总量的测定可以作为判断土壤盐渍化程度及植物生长适应性的重要依据。在强烈蒸发作用下,地表水、地下水中的盐分会沿毛管上升至地表,并积聚在表土中,即发生土壤盐渍化。土壤盐渍化是全球旱地和灌溉农田农业生产的重要限制因子。

发生盐渍化的土壤称为盐化土壤,分为盐土、碱土和盐碱土等不同类型,盐土的主要盐分组成为 $NaCl$、Na_2SO_4、$MgCl_2$、$MgSO_4$ 等;碱土的形成过程是在 Na_2CO_3、$NaHCO_3$ 等影响下,钠盐碱性水解积聚影响土壤性质的过程;盐碱土则两种情况兼有。我国盐碱土的分布特点是面积大、类型多。目前,盐碱土的分类可参考饱和土浆电导率、土壤 pH 与交换性钠等指标(表 2-18-1),我国滨海地区也习惯使用盐分总含量作为分级标准(表 2-18-2)。

表 2-18-1　盐化土壤几项分析指标

	饱和土浆电导率/$(dS \cdot m^{-1})$	pH	交换性钠百分数/%	水溶性钠占阳离子总量百分数/%
盐土	>4	<8.5	<15	<50
盐碱土	>4	<8.5	<15	<50
碱土	<4	>8.5	>15	>50

注:$dS \cdot m^{-1}$ 为分西门子·米 $^{-1}$

表 2-18-2　我国滨海地区盐化土壤的分级标准

盐分总含量/$(g \cdot kg^{-1})$	盐化土壤类型
1.0~2.0	轻度盐化土
2.0~4.0	中度盐化土
4.0~6.0	强度盐化土
>6.0	盐土

土壤盐分与地下水矿化度也有很大的关系,按照地下水矿化度的分级标准(表 2-18-3),土壤盐渍化易发生在地下水矿化度 $2 g \cdot L^{-1}$ 以上时,在判断土壤盐渍化程度时,也需要参考地下水矿化度指标。

表 2 – 18 – 3　地下水矿化度的分级标准

类别	地下水矿化度/$(g \cdot L^{-1})$	水质
淡水	<1	优质水
弱矿化水	1~2	可用于灌溉
半咸水	2~3	一般不宜用于灌溉
咸水	>3	不宜用于灌溉

对土壤水溶性盐总量进行分析,可有助于了解土壤盐渍化动态,监测土壤盐分对作物生长的影响,进而可以提出盐化土壤改良的方法,在农业生产上是十分必要的。

本实验要求学生学习土壤水溶性盐总量的测定方法,掌握残渣烘干法和电导法测定土壤水溶性盐总量的原理及操作步骤,学会利用土壤水溶性盐总量分析结果来进行田间生产指导。

二、实验方法和原理

常用的测定土壤水溶性盐总量的方法有:残渣烘干法和电导法。电导法即使用电导仪进行测定,具有操作简便的优点;相比而言,残渣烘干法就比较烦琐、费时,但结果较准确,应用性好。两种方法均需要制备土壤浸出液,且土壤浸出液还可进行土壤阳离子(实验二十)和阴离子(实验二十一)的测定,流程如图 2 – 18 – 1 所示。

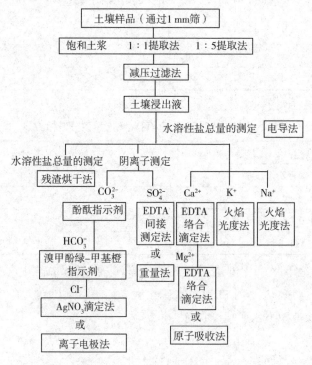

图 2 – 18 – 1　土壤水溶性盐总量及土壤阴、阳离子测定流程图

1. 残渣烘干法

用瓷蒸发皿将一定量土壤浸出液水浴蒸干后,用双氧水氧化其中的有机质,置于105 ℃烘箱中烘干称重,即得残渣质量。残渣质量与烘干土质量之比即为土壤水溶性盐总量。

2. 电导法

电导法是使用电导仪测定土壤溶液的电导率,其电导率与溶液的含盐量在一定浓度范围内是呈正相关的,即电导率高可直接得出土壤含盐量高的结论,反之为低。

电导仪的工作原理是将连接电源的两个电极插入土壤浸出液(电解质溶液)中,在电极两端施加电压,在电场作用下,正负离子发生移动,传递电子而形成电流。电导率是表示溶液传导电流能力的指标。电导率是电阻率的倒数,可通过测量溶液电阻率得到电导率。一般可利用已知电导率的标准 KCl 溶液(0.02 mol · L^{-1})来求电极常数。

$$K = \frac{\sigma_{KCl}}{R_{KCl}}$$

式中:K 为电极常数,σ_{KCl} 为标准 KCl 溶液(0.02 mol · L^{-1})的电导率(dS · m^{-1}),18 ℃时 σ_{KCl} =2.397 dS · m^{-1},25 ℃时为 2.765 dS · m^{-1}。R_{KCl} 为相同条件下同一电极实测的电阻值。那么,待测液测得的电阻乘以电极常数就是待测液的电导率。

$$\sigma = KR$$

大多数电导仪有电极常数调节装置,可以直接读出待测液的电导率,无须再进行运算,电导率的单位是 S · m^{-1},土壤溶液的电导率常用dS · m^{-1}表示。

三、实验器具

1. 残渣烘干法

布氏漏斗(如图 2 - 18 - 2 所示),电导电极,振荡器,天平,瓷蒸发皿,烘箱,水浴锅等。

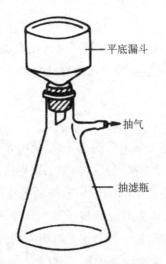

图 2-18-2　布氏漏斗示意图

平底漏斗

抽气

抽滤瓶

2. 电导法

电导仪(雷磁 DDS-307)、电导电极。

四、试剂配制

1. 残渣烘干法

(1)1 g · L^{-1} 六偏磷酸钠 $[(NaPO_3)_6]$ 溶液:称取 $(NaPO_3)_6$ 0.1 g 溶于 100 mL 水中。

(2)150 g · L^{-1} H_2O_2 溶液。

2. 电导法

1.0.01 mol · L^{-1} KCl 溶液:称取干燥分析纯 KCl 0.745 6 g,溶于刚煮沸的冷蒸馏水中,于 25 ℃稀释至 1 L,贮于塑料瓶中备用。这一参比标准溶液在 25 ℃时的电导率是 1.412 dS · m^{-1}。

2.0.02 mol · L^{-1} KCl 溶液:称取分析纯 KCl 1.491 1 g,同上法配成 1 L,则 25 ℃时的电导率是 2.765 dS · m^{-1}。

五、实验步骤

1. 残渣烘干法

(1)1:1 水土比浸出液的制备:称取通过 1 mm 筛孔的风干土 100.0 g,放入 500 mL 的锥形瓶中,加煮沸后的冷蒸馏水 100 mL,盖好瓶塞,在振荡器上振荡 15 min。将布氏漏斗与抽气系统相连,铺上与漏斗直径大小一致的滤纸,缓缓抽气,倾倒土液时应摇浑泥浆,在抽气情况下缓缓倾入漏斗中心。为了避免滤液混浊,应待完全湿润的滤纸与漏斗底部完全密接时再继续倒入土浆。若遇混浊滤液,应重新过滤。若过滤缓慢,应对土浆加盖以防水分蒸发。将上清液存于 250 mL 细口瓶中,每瓶加 1 滴 1 g · L^{-1} (NaPO$_3$)$_6$,4 ℃储存。

(2)5:1 水土比浸出液的制备:称取 50.0 g 的风干土(1 mm),置于 500 mL 的锥形瓶中,加水 250 mL。盖好瓶塞,在振荡器上振荡 3 min。连接布氏漏斗与抽气系统,铺上滤纸,滤纸大小要与漏斗直径一致,缓慢抽气使滤纸与漏斗贴合,向漏斗中倒入少量土浆润湿滤纸,使二者密接,再将悬浊土浆缓慢倒入,慢慢抽滤直至完成。收集上清液,若滤液混浊则重新过滤。

(3)饱和土浆浸出液的制备:使用框式饱和器,用环刀装满已知质量风干土样,两面贴滤纸,并用透水板夹紧,再利用框架两端螺丝将透水板和环刀这一组合夹紧。置于可盛水容器中,往容器中注水,水面不超过土样表面,借助毛管作用使土样饱和,取出土样放在 105 ℃烘箱中,烘干称重。计算出饱和土浆含水量。

(4)吸取 1:5 土壤浸出液 20~50 mL(盐分含量 0.02~0.2 g)放于蒸发皿中,水浴蒸干,用滴管反复添加 150 g · L^{-1} H$_2$O$_2$,持续蒸干,以氧化土壤有机质,至残渣完全白色为止,取残渣于 105 ℃烘箱中烘干至恒重,并称重。前后两次质量之差不得大于 1 mg。

2. 电导法

(1)电导仪校准。开机,预热 30 min 后,进行校准。将选择开关指向"检查",调节"常数"和"温度"补偿调节旋钮。

(2)测量。移取土壤浸出液 30~40 mL 于 50 mL 小烧杯中,将电极插入直接测定,测定前应测液体温度,应尽量保持每一批样品测量时恒温,也可直接取 5 g 风干土,加水 25 mL,振荡后取澄清液直接用电导仪测定。

测定前应用待测液或蒸馏水淋洗电极,用滤纸吸干,测定时液面要没过电极的铂片,调节电极常数及温度补偿旋钮,按测量范围,正确选择电极常数,例如测量范围为 0.2~1.0 dm · cm^{-1},选用电极常数为 10 的电极。

每个样品用完,应用蒸馏水冲洗电极并用滤纸吸干,再进行下一个样品的测定。

六、结果计算

1. 残渣烘干法结果计算

$$土壤水溶性盐总量(g · kg^{-1}) = \frac{m_1}{m_2} \times 100\ 0$$

式中:

m_1——烘干残渣质量,g;

m_2——烘干土样质量,g。

2. 电导法结果计算

(1)公式法。

土壤浸出液的电导率(σ_{25}) = 电阻(R) × 温度校正系数(f_t) × 电极常数(K)

通过温度校正系数和电极常数可计算土壤浸出液的电导率,在目前使用的电导仪上,已经能够进行电极常数和温度校正系数的补偿调试,因此可不通过计算,直接读取的数值即为电导率。温度校正系数(f_t)可查表 2 - 18 - 4。

按照美国的研究结果,用电导率估计土壤可溶性盐总量,以及土壤可溶性盐总量与作物生长的关系(见表 2 - 18 - 5),可以判断土壤盐渍化程度以及对作物生长的影响。

(2)标准回归曲线法计算土壤可溶性盐总量。

标准曲线的绘制:选择多个代表土样(20 个或更多),用残渣烘干法测其可溶性盐总量(% 或 g · kg^{-1}),再同样测得其电导率,以电导率为纵坐标、可溶性盐总量为横坐标绘制曲线,计算回归方程。以待测液的电导率在回归曲线上查找土壤可溶性盐总量。

七、注意事项

1. 土壤盐分析出受浸提方式、水土比和振荡时间等因素的影响,在测量过程中要坚持唯一差异原则,不要随意改动这几项因素,以防引起不必要的误差。

2. 制备盐渍土浸出液的水土比有 1:1、2:1、5:1、10:1 和饱和土浆浸出液等,水土比不仅影响盐分析出,其测量结果也影响与作物生长的相关性,多项实验的结果表明,水土比大时电导率测定比较容易进行,但所得测量结果与作物生长的相关性不好,适宜的水土比一般为 5:1。但在测定碱土化学性质时,建议使用 1:1 水土比,因为过多的水会影响 Na$^+$ 的测定。

相同水土比的测量结果可进行比较,在实验结果的描述时必须要注明浸出液的水土比。

3. 为了使实验结果呈现理想状态,制备饱和土浆时对土样质量和土壤质地也有一定的规定:壤质砂土 400 ~ 600 g,砂壤土 250 ~ 400 g,壤土 150 ~ 250 g,粉砂壤土和黏土 100 ~ 150 g,黏土 50 ~ 100 g。

4. 土壤中碳酸钙、硫酸钙、碳酸镁等盐分析出,会影响土壤浸提液中盐分的含量,因此,需要控制操作过程中 CO_2 的进入,例如提取样品时用无 CO_2 的蒸馏水。

5. 一般建议水土作用时间不要太长,保证可溶性氯化物、硫酸盐、碳酸盐全部溶于水即可,避免难溶盐被浸提,通常振荡浸提 3 min 立即过滤,以减小误差。

6. 待测液通常存储在 4 ℃条件下备用,不要在室温下存放超过 1 天。

7. 对于黏重土壤或难过滤的碱土,可用抽滤装置。

8. 电导法测水溶盐时,待测液的吸取量随盐分含量而变化,通常保持盐分含量在 0.02 ~ 0.20 g 之间。

9. 测定电极常数 K,方法是用电极测定电导率已知的 KCl 标准溶液的电阻,再计

算得到 K 值。公式如下,KCl 的电导率见表 2 – 18 – 6。

$$K = \frac{\sigma}{R}$$

式中:

σ——KCl 标准溶液的电导率;

R——测得 KCl 标准溶液的电阻。

10. 用过氧化氢处理有机质,宜少量多次反复处理,每次润湿残渣即可,避免泡沫飞溅,损失盐分。

11. 以盐的含量与电导率的对数值做回归分析,可获得更理想的线性效果。

表 2 – 18 – 4　温度校正系数 (f_t)

温度/℃	校正值	温度/℃	校正值	温度/℃	校正值	温度/℃	校正值
3.0	1.709	20.0	1.112	25.0	1.000	30.0	0.907
4.0	1.660	20.2	1.107	25.2	0.996	30.2	0.904
5.0	1.663	20.4	1.102	25.4	0.992	30.4	0.901
6.0	1.569	20.6	1.097	25.6	0.988	30.6	0.897
7.0	1.528	20.8	1.092	25.8	0.983	30.8	0.894
8.0	1.488	21.0	1.087	26.0	0.979	31.0	0.890
9.0	1.448	21.2	1.082	26.2	0.975	31.2	0.887
10.0	1.411	21.4	1.078	26.4	0.971	31.4	0.884
11.0	1.375	21.6	1.073	26.6	0.967	31.6	0.880
12.0	1.341	21.8	1.068	26.8	0.964	31.8	0.877
13.0	1.309	22.0	1.064	27.0	0.960	32.0	0.873
14.0	1.277	22.2	1.060	27.2	0.956	32.2	0.870
15.0	1.247	22.4	1.055	27.4	0.953	32.4	0.867
16.0	1.218	22.6	1.051	27.6	0.950	32.6	0.864
17.0	1.189	22.8	1.047	27.8	0.947	32.8	0.861
18.0	1.163	23.0	1.043	28.0	0.943	33.0	0.858
18.2	1.157	23.2	1.038	28.2	0.940	34.0	0.843
18.4	1.152	23.4	1.034	28.4	0.936	35.0	0.829
18.6	1.147	23.6	1.029	28.6	0.932	36.0	0.815
18.8	1.142	23.8	1.025	28.8	0.929	37.0	0.801
19.0	1.136	24.0	1.020	29.0	0.925	38.0	0.788
19.2	1.131	24.2	1.016	29.2	0.921	39.0	0.775
19.4	1.127	24.4	1.012	29.4	0.918	40.0	0.763
19.6	1.122	24.6	1.008	29.6	0.914	41.0	0.750
19.8	1.117	24.8	1.004	29.8	0.911		

表 2 - 18 - 5　土壤饱和浸出液的电导率、盐分含量与作物生长的关系

饱和浸出液电导率/(dS·m⁻¹)	盐分含量/(g·kg⁻¹)	盐渍化等级	植物反应
0 ~ 2	<1.0	非盐渍化土壤	对作物无盐害影响
2 ~ 4	1.0 ~ 3.0	盐渍化土壤	可能影响对盐分极敏感的作物,导致产量下降
4 ~ 8	3.0 ~ 5.0	中盐土	影响对盐分敏感作物的产量,对耐盐作物(苜蓿、棉花、甜菜、高粱)影响不大
8 ~ 16	5.0 ~ 10.0	重盐土	只有耐盐作物可生长,但也会影响其种子发芽及产量
>16	>10.0	极重盐土	只有极少数牧草、灌木等耐盐植物能生长

表 2 - 18 - 6　不同温度下 0.02 mol·L⁻¹ KCl 标准溶液的电导率

t/℃	电导率/(dS·m⁻¹)	t/℃	电导率/(dS·m⁻¹)	t/℃	电导率/(dS·m⁻¹)	t/℃	电导率/(dS·m⁻¹)
11	2.043	16	2.294	21	2.553	26	2.819
12	2.093	17	2.345	22	2.606	27	2.873
13	2.142	18	2.397	23	2.659	28	2.927
14	2.193	19	2.449	24	2.712	29	2.981
15	2.243	20	2.501	25	2.765	30	3.036

八、作业题

1. 土壤电导率与土壤盐分浓度有什么关系?

2. 土壤电导率测定过程中氯化钾有什么作用?

3. 比较残渣烘干法和电导法测定土壤可溶性盐总量的优缺点。

实验十九　土壤阳离子交换量的测定

一、实验目的和说明

土壤阳离子交换量(soil cation exchange capacity),简称土壤 CEC,是指在 pH = 7 时每千克土壤胶体所能吸附的各种阳离子的厘摩尔数,单位为 $cmol \cdot kg^{-1}$。土壤胶体的表面性质决定了土壤 CEC 的交换性能,主要是腐殖酸及黏土矿物通过氢键结合、分子缩合、阳离子桥接等联结作用,成为有机 – 无机复合胶体,并通过配位结合吸附阳离子,所能吸附的阳离子包括 K^+、Na^+、Ca^{2+}、Mg^{2+} 等交换性盐基和水解性酸,这些吸附的阳离子在适宜的条件下会与土壤溶液中的阳离子发生等量交换作用,被释放到土壤溶液中,进而发挥肥效,因此胶体上所能吸附的阳离子总量即为土壤 CEC。土壤 CEC 的大小,通常用于衡量土壤缓冲性能和保肥能力,也可作为合理施肥、改良土壤的依据。

本实验要求学生学习土壤阳离子交换量的测定方法,掌握乙酸铵法测定土壤阳离子交换量的原理及操作步骤,学会利用测定结果来评土改土。

二、实验方法和原理

本实验介绍乙酸铵法和 EDTA – 铵盐快速法。

1. 乙酸铵法(适用于酸性和中性土壤)

用 1 mol $\cdot L^{-1}$ 乙酸铵溶液(pH = 7.0)反复处理土壤,使土壤胶体中吸附的阳离子与提取剂的 NH_4^+ 进行当量交换,使土壤成为 NH_4^+ 饱和土,再用 95% 乙醇洗去多余的乙酸铵,洗入消煮管中,在定氮仪上蒸馏,用硼酸溶液吸收蒸馏出的氨,再以标准盐酸溶液进行滴定。最后以 NH_4^+ 的量推算土壤 CEC。此法适用于酸性、中性土壤阳离子的测定,需要注意的是对于酸性土壤测定结果偏高,因为 pH = 7.0 的缓冲盐体系使土壤 pH 值有所提高,进而会使土壤胶体上的负电荷增多,导致吸附的阳离子数量也增多。

2. EDTA – 铵盐快速法(适用于酸性、中性和石灰性土壤)

用 0.005 mol $\cdot L^{-1}$ EDTA 与 1 mol $\cdot L^{-1}$ 的乙酸铵混合液作为交换剂,在适宜的 pH 条件下(石灰性土壤 pH = 8.5,酸性土壤 pH = 7.0),EDTA – 乙酸铵混合溶液可与 Ca^{2+}、Mg^{2+}、Fe^{3+}、Al^{3+} 等离子进行交换,形成稳定度极高的络合物,该反应速度很快,且对土壤胶体无破坏。同时过量的乙酸铵又能完全交换土壤溶液中的 H^+ 和 +1 价金属离子,形成 NH_4^+ 饱和土,多余的交换剂再用乙醇洗去。同样采用蒸馏法测定交换数量。若为酸性土壤,该法还可继续进行交换性盐基的测定。

三、实验器具

电动离心机(转速 3 000 ~ 4 000 r · min^{-1}),离心管(100 mL),定氮仪,消煮管(与定氮仪配套),锥形瓶,滴定管,天平等。

四、试剂配制

1.1 mol · L^{-1}乙酸铵溶液(pH = 7.0):称取 77.09 g 化学纯乙酸铵(CH_3COONH_4)溶解,并用 1∶1 氨水或稀乙酸调节溶液 pH 值至 7.0,然后稀释定容至 1 L。

2.95% 乙醇溶液(工业用,必须无 NH_4^+)。

3.液体石蜡(化学纯)。

4.甲基红 - 溴甲酚绿混合指示剂:称取 0.066 g 甲基红和 0.099 g 溴甲酚绿,置于玛瑙研钵中研磨,加入少量 95% 乙醇,继续研磨至完全溶解无残渣,用 95% 乙醇定容至 100 mL。

5.20 g · L^{-1}硼酸指示剂溶液:称取 20 g 化学纯硼酸,溶于 900 mL 水中。加入 20 mL 甲基红 - 溴甲酚绿混合指示剂,以稀碱或稀酸调成酒红色(紫红色),此时该溶液的 pH 值为 4.5。

6.0.05 mol · L^{-1}盐酸标准溶液:将 4.5 mL 浓盐酸加入 1 L 水中,并以 0.05 mol · L^{-1} 1/2 硼砂($Na_2B_4O_7 · 10H_2O$)标准溶液(称取 2.382 5 g 硼砂溶于水中,定容至 250 mL)进行标定。标定方法如下:

吸取 25 mL 硼砂标准溶液(0.05 mol · L^{-1} 1/2 $Na_2B_4O_7$)于 250 mL 锥形瓶中,加甲基红 - 溴甲酚绿指示剂(或 0.2% 甲基红指示剂)2 滴,用上述配制的盐酸标准溶液滴定至硼砂标准溶液变为紫红色为止(若为甲基红指示剂,则由黄色变为微红色为终点)。同时做空白实验。根据下式计算盐酸标准溶液浓度。

$$c_1 = \frac{c_2 \times V_2}{V_1 - V_0}$$

式中:

c_1——盐酸标准溶液的浓度,mol · L^{-1};

V_1——盐酸标准溶液的体积,mL;

V_0——空白实验用去盐酸标准溶液的体积,mL;

c_2——1/2 $Na_2B_4O_7$标准溶液的浓度,mol · L^{-1};

V_2——用去 1/2 $Na_2B_4O_7$标准溶液的体积,mL。

7.pH = 10 缓冲液:称取 67.5 g 化学纯氯化铵(NH_4Cl)溶于无 CO_2 的水中,加入 570 mL 化学纯浓氨水($\rho = 0.9$ g · mL^{-1},含氨 25%),稀释定容至 1 L,贮于塑料瓶中,并注意密封,防止吸入 CO_2,浓氨水选用新开瓶的。

8.酸性铬蓝 K - 萘酚绿指示剂(K - B 指示剂):称取 0.5 g 酸性铬蓝 K 和 1.0 g

萘酚绿 B，与 100 g 氯化钠（105 ℃烘干）一同充分研磨，并贮存于棕色瓶中，以防光解。

9. 固体氧化镁：将化学纯氧化镁（MgO）置于坩埚或镍蒸发皿中，高温（500 ~ 600 ℃）灼烧 0.5 h，冷却后贮藏于密闭的玻璃器皿内。

10. 纳氏试剂：称取 134 g 分析纯氢氧化钾（KOH）溶于 460 mL 水中。另称 20 g 分析纯碘化钾（KI）溶于 50 mL 水中，加入大约 3 g 分析纯碘化汞（HgI_2）至呈饱和状态，然后将两溶液混合即成。

11. 0.005 mol·L^{-1} EDTA 与 1 mol·L^{-1} 乙酸铵混合液：称取 77.09 g 化学纯乙酸铵及 1.461 g EDTA（乙二胺四乙酸），加水溶解后洗入 1 L 容量瓶中，再加蒸馏水至900 mL 左右，以 1:1 氨水或稀乙酸调节 pH 值至 7.0 或 8.5，定容至刻度，备用。其中中性和酸性土壤使用 pH = 7.0 的混合液提取，石灰性土壤用 pH = 8.5 的混合液提取。

五、实验步骤

1. 乙酸铵法（适用于酸性和中性土壤）

（1）称取 2.00 g（精确至 0.01 g）风干土样（< 1 mm），土壤质地较轻可增大至5.00 g，置于 100 mL 离心管中，加入少量乙酸铵溶液（1 mol·L^{-1}），浸湿，用带橡皮头的玻璃棒将土样搅匀成泥浆。再加入乙酸铵溶液（1 mol·L^{-1}）充分搅匀，并洗净玻璃棒（1 mol·L^{-1} 乙酸铵溶液），洗液收于离心管中，总体积控制在 60 mL 左右。

（2）将离心管成对置于离心机转子中，保证离心机平衡，启动离心机，保持转速为3 000 ~ 4 000 r·min^{-1}，离心 3 ~ 5 min 后，待离心机平稳停止后取出离心管，弃去上清液（若需测定交换性盐基，则将此上清液倒入容量瓶中保留），如此反复（加乙酸铵、离心、弃上清液）3 ~ 5 次，直至浸出液中无 Ca^{2+} 反应为止。

检测 Ca^{2+} 用 K-B 试剂：取 5 mL 浸出液于小烧杯中，加 1 mL pH = 10 缓冲液，再加少许 K-B 指示剂，如浸出液呈紫红色，表示有 Ca^{2+}；浸出液呈蓝色，表示无 Ca^{2+}。

（3）使用 95% 乙醇溶液代替 1 mol·L^{-1} 乙酸铵溶液，继续重复离心操作（加乙醇、离心、弃上清液），反复 3 ~ 4 次，直至无 NH_4^+ 反应为止。

用纳氏试剂检查 NH_4^+：取 1 mL 左右浸出液于白瓷比色板中，加少许纳氏试剂，如出现黄色，表明有 NH_4^+。

（4）检测无 NH_4^+ 后，转移离心管内容物至 150 mL 硬质消煮管中，并用蒸馏水冲洗离心管壁，洗液亦收入消煮管中，控制泥浆总量为 50 ~ 80 mL。在消煮管中加入 2 mL液体石蜡和 1 g 氧化镁，置于蒸馏装置上。

（5）在冷凝管末端用 250 mL 锥形瓶盛接，锥形瓶中预置 25 mL 硼酸指示剂吸收液（20 g·L^{-1}）。启动装置，通入蒸气，调节蒸气速度，按仪器使用说明控制蒸馏时间（一般 8 ~ 20 min），待馏出液约为 80 mL 时，可检查蒸馏是否完全，方法是：用白瓷比色板于冷凝管下端取几滴馏出液，加纳氏试剂查看有无黄色反应，有黄色表示需要继续蒸馏(或使用甲基红－溴甲酚绿指示剂,呈蓝色需要继续蒸馏;若呈紫红色,则表示蒸馏完全)。

(6)蒸馏完毕,清洗缓冲管,洗液收于锥形瓶吸收液中,将吸收液用标准盐酸溶液滴定。同时做空白实验。

2. EDTA －铵盐快速法(适用于酸性、中性和石灰性土壤)

(1)称取 1.00 g(精确到 0.01 g)风干土样(<0.25 mm),有机质含量少的土样可增大称取质量为 2.00~5.00 g,置于 100 mL 离心管中,加入少量 EDTA －乙酸铵溶液,浸湿,用带橡皮头的玻璃棒将土样搅匀成泥浆。再加入 EDTA －乙酸铵溶液充分搅匀,并洗净玻璃棒(EDTA －乙酸铵溶液),洗液收于离心管中,总体积控制在 80 mL 左右。

(2)将离心管成对置于离心机转子中,保证离心机平衡,启动离心机,保持转速为 3 000 r·min^{-1}左右,离心 3~5 min 后,待离心机平稳停止后取出离心管,弃去上清液。再以 95% 乙醇洗去过量铵盐,检验有无 NH_4^+ 发生反应。

(3)将泥浆洗入 150 mL 硬质消煮管中,控制总体积为 80~100 mL,在消煮管中加入 2 mL 液体石蜡和 1 g 氧化镁,置于蒸馏装置上。其余步骤同乙酸铵法,同时进行空白实验。

六、结果计算

两种方法的计算公式如下:

$$Q^+ = \frac{c \times (V - V_0)}{m \times K} \times 100$$

式中:

Q^+——阳离子交换量,cmol·kg^{-1};

c——盐酸标准溶液的浓度,mol·L^{-1};

V——盐酸标准溶液的体积,mL;

V_0——空白实验盐酸标准溶液的体积,mL;

m——烘干土质量,g;

K——将风干土换算成烘干土的系数。

七、注意事项

1. 如无离心机也可改用淋洗法。

2. 使用 EDTA －铵盐快速法时,如遇 Na$^+$ 较多(盐渍化程度高的土壤)时,应浸提离心处理 2~3 次,避免交换不完全。

八、作业题

1. 影响土壤 CEC 大小的因素有哪些?

2.以酸性土壤和石灰性土壤为例,思考在土壤阳离子交换量测定时,为什么不同类型的土壤所采用的常用浸提剂不同?

3.试比较EDTA-铵盐快速法和乙酸铵法的适用范围及优缺点。

实验二十　土壤阳离子的测定

实验目的和说明

盐渍土壤上作物受危害的程度,不仅与土壤可溶性盐总量有关,还与盐分组成的类型有关。土壤水溶性盐中的阳离子包括 K^+、Na^+、Ca^{2+}、Mg^{2+} 等,各离子对不同作物的影响不同,对同一作物不同生育期的影响也不同。在土壤的利用和改良方面,也应在了解土壤阳离子组成的基础上进行。

目前,在 Ca^{2+} 和 Mg^{2+} 的测定中,普遍应用的是 EDTA 滴定法,符合快速、准确的分析要求,此外原子吸收分光光度法也是测定 Ca^{2+} 和 Mg^{2+} 的好方法。火焰光度法测定 K^+、Na^+ 是目前普遍使用的方法。土壤浸出液制备方法同土壤水溶性盐总量测定实验。

本实验要求学生学习测定土壤阳离子种类和数量的方法。

Ca^{2+} 和 Mg^{2+} 的测定——EDTA 滴定法

一、实验方法和原理

EDTA 能与 Mn、Cu、Zn、Ni、Co、Ba、Sr、Ca、Mg、Fe、Al 等许多金属离子发生配合反应,形成稳定的配合物。可在 pH = 10 时用 EDTA 直接测定 Ca^{2+} 和 Mg^{2+} 的数量。

当待测液中 Fe、Al、Mn 等金属离子含量较多时,需要加掩蔽剂消除干扰离子,一般用三乙醇胺掩蔽。1∶5 的三乙醇胺溶液 2 mL 能掩蔽 5~10 mg Fe、10 mg Al、4 mg Mn。

当待测液中 CO_3^{2-} 或 HCO_3^- 很多时,需酸化后加热,以除去 CO_2,避免 EDTA 滴定时,$CaCO_3$ 的逐渐解离造成的滴定终点延长。

当单独测定 Ca^{2+} 时,若待测液中 Mg^{2+} 含量超过 Ca^{2+} 含量 5 倍以上,通常先加入过量的 EDTA 滴定 Ca^{2+},再以标准 $CaCl_2$ 溶液回滴过量的 EDTA,防止 Mg^{2+} 影响测定结果。此过程可使用钙指示剂(NN)、紫脲酸铵指示剂或酸性铬蓝 K 等。测定 Ca^{2+}、Mg^{2+} 含量时常使用铬黑 T、酸性铬蓝 K 指示剂等。

二、实验器具

磁力搅拌器、10 mL 半微量滴定管。

三、试剂配制

$1.4\ mol\cdot L^{-1}$ 的 NaOH:称取 40 g 化学纯 NaOH 溶解于水中,稀释并定容至

250 mL,贮于塑料瓶中备用。

2. 铬黑 T 指示剂:称取 0.2 g 铬黑 T 溶解于 50 mL 甲醇中,棕色瓶贮存备用,可保存一个月。或者称取 0.2 g 铬黑 T 溶解于 50 mL 二乙醇胺中,棕色瓶贮存备用,可保存数月。或者称取 0.5 g 铬黑 T 与 100 g 分析纯 NaCl(干燥)共同研细,棕色瓶贮存,使用过程中注意盖好,可供长期使用。

3. K－B 指示剂:称取 0.5 g 酸性铬蓝 K 和 1 g 萘酚绿 B,并与 100 g 分析纯 NaCl(干燥)共同研细,棕色瓶贮存,使用过程中注意盖好盖子,可供长期使用。或者称取 0.1 g 酸性铬蓝 K,0.2 g 萘酚绿 B,以 50 mL 蒸馏水溶解,可保存一个月。

4. 浓 HCl(化学纯,$\rho = 1.19$ g $\cdot$ mL^{-1})。

5. 1:1 化学纯 HCl:取 1 份盐酸加 1 份水。

6. pH ＝10 缓冲液:称取 67.5 g 化学纯 NH$_4$Cl 溶于无 CO$_2$ 的水中,加入 570 mL 化学纯浓氨水($\rho = 0.9$ g $\cdot$ mL^{-1},含氨 25%),稀释定容至 1 L,贮于塑料瓶中,并注意密封防止进入 CO$_2$,浓氨水选用新开瓶的。

7. 0.01 mol $\cdot$ mL^{-1} 钙标准溶液:准确称取在 105 ℃下烘干 4～6 h 的分析纯 CaCO$_3$ 0.500 4 g,溶于 25 mL 0.5 mol $\cdot$ mL^{-1} HCl 中,煮沸除去 CO$_2$,用无 CO$_2$ 蒸馏水洗入 500 mL 容量瓶中,并稀释至刻度。

8. 0.01 mol $\cdot$ mL^{-1} EDTA 标准溶液:称取 3.720 g EDTA 二钠(乙二胺四乙酸二钠),用无 CO$_2$ 的蒸馏水加热溶解,冷却后定容至 1 L。用标准 CaCl$_2$ 溶液标定,于塑料瓶中贮存。

四、实验步骤

1. 钙的测定

吸取 10～20 mL 土壤浸出液(含 Ca^{2+} 0.02～0.2 mol)放于 150 mL 烧杯中,加 2 滴 1:1 HCl 溶液,摇动并加热至保持沸腾 1 min,以除去 CO$_2$,冷却后观察烧杯颜色变化。

向此溶液中加入 3 滴 NaOH(4 mol $\cdot$ mL^{-1})溶液中和 HCl,按待测液体积,每 5 mL 还需添加 NaOH 1 滴,加入适量 K－B 指示剂,置于磁力搅拌器上(烧杯底部衬一张白纸,以观察颜色变化),搅动促使 Mg(OH)$_2$ 沉淀。

用 EDTA 标准溶液进行滴定,观察颜色变化,经紫红色到达蓝绿色即为终点。注意加强搅拌避免滴定过量,记下 EDTA 用量(V_1)。

2. 钙、镁含量的测定

吸取 10～20 mL 土壤浸出液(含 Ca^{2+} 和 Mg^{2+} 0.01～0.1 mol)置于 150 mL 烧杯中,加 2 滴 1:1 HCl,摇动并加热至保持沸腾 1 min,除去 CO$_2$,冷却。加入 3.5 mL pH ＝10 缓冲液及铬黑 T 指示剂 1～2 滴,用 EDTA 标准溶液滴定,观察颜色变化,经深红色到达天蓝色即为终点(若加 K－B 指示剂,经紫红色到达蓝绿色即为终点),记录消耗的 EDTA 标准溶液的量(V_2)。

五、结果计算

$$土壤水溶性钙(1/2Ca)含量(cmol \cdot kg^{-1}) = \frac{c(EDTA) \times V_1 \times 2 \times ts}{m} \times 100$$

$$土壤水溶性钙(Ca)含量(g \cdot kg^{-1}) = \frac{c(EDTA) \times V_1 \times ts \times 0.040}{m} \times 1\,000$$

$$土壤水溶性镁(1/2Mg)含量(cmol \cdot kg^{-1}) = \frac{c(EDTA) \times (V_2 - V_1) \times 2 \times ts}{m} \times 100$$

$$土壤水溶性镁(Mg)含量(g \cdot kg^{-1}) = \frac{c(EDTA) \times (V_2 - V_1) \times ts \times 0.024\,4}{m} \times 1\,000$$

式中：

V_1——滴定 Ca^{2+} 时所用的 EDTA 体积,mL;

V_2——滴定 Ca^{2+}、Mg^{2+} 含量时所用的 EDTA 体积,mL;

$c(EDTA)$——EDTA 标准溶液的浓度,mol $\cdot$ mL^{-1};

ts——分取倍数;

m——烘干土壤样品的质量,g。

六、注意事项

1. EDTA 滴定法测定 Ca^{2+}、Mg^{2+} 时,正磷酸盐、碳酸盐、Al^{3+}、Ba^{2+}、Pb^{2+}、Mn^{2+} 及有机质等均有可能干扰测定,必要时可用原子吸收分光光度法测定。

2. 以铬黑 T 为指示剂测定 Ca^{2+}、Mg^{2+} 时,溶液应当准确维持 pH = 10,pH 值太低、太高都会使滴定终点不明显,导致结果不准确。

Ca^{2+} 和 Mg^{2+} 的测定——原子吸收分光光度法

一、实验器具

原子吸收分光光度计。

二、试剂配制

1. 50 g $\cdot$ L^{-1} LaCl$_3$溶液:称取 LaCl$_3 \cdot$ 7H$_2$O 13.40 g 溶于 100 mL 水中,此为 50 g $\cdot$ L^{-1}LaCl$_3$ 溶液。

2. 100 g $\cdot$ mL^{-1}钙标准溶液:称取分析纯 CaCO$_3$(110 ℃烘 4 h)溶于 1 mol $\cdot$ L^{-1} HCl 溶液中,煮沸除去 CO$_2$,蒸馏水洗入容量瓶,并定容至 1 000 mL。此溶液 Ca^{2+} 浓度为 1 000 g $\cdot$ mL^{-1},再稀释成 100 g $\cdot$ mL^{-1}的钙标准溶液。

3.25 g·mL^{-1}镁标准溶液：称取 0.100 0 g 化学纯金属镁，溶于少量 HCl（6 mol·L^{-1}）溶液中，蒸馏水洗入容量瓶并定容至 1 000 mL，此溶液 Mg^{2+} 为 100 g·mL^{-1}，再稀释成 250 g·mL^{-1}镁标准溶液。

将试剂 2 和试剂 3 混合配制成钙、镁标准系列溶液，Ca^{2+} 浓度范围 0～20 g·mL^{-1}，Mg^{2+} 浓度范围 0～1.0 g·mL^{-1}，并保证与待测液相同的 HCl 和 LaCl$_3$ 浓度。

三、实验步骤

吸取一定量（1～5 mL）的土壤浸出液于 50 mL 容量瓶中，加 5 mL 50 g·L^{-1}LaCl$_3$ 溶液，用去 CO$_2$水定容。于原子吸收分光光度计上与钙、镁标准系列溶液一起比色测定，波长选择 422.7 nm（Ca）及 285.2 nm（Mg），读取并记录吸光度。

以钙、镁标准系列溶液浓度为横坐标，以吸光度为纵坐标，绘制标准工作曲线，并在标准工作曲线上以待测液的吸光度查找其浓度（或代入回归方程计算得出）。

四、结果计算

$$土壤水溶性钙（Ca^{2+}）含量（g·kg^{-1}）=\rho（Ca^{2+}）\times 50 \times ts \times 10^3/m$$
$$土壤水溶性钙（1/2\ Ca）含量（cmol·kg^{-1}）= Ca^{2+}含量（g·kg^{-1}）/0.020$$
$$土壤水溶性钙（Mg^{2+}）含量（g·kg^{-1}）=\rho（Mg^{2+}）\times 50 \times ts \times 10^3/m$$
$$土壤水溶性钙（1/2\ Mg）含量（cmol·kg^{-1}）= Mg^{2+}含量（g·kg^{-1}）/0.012\ 2$$

式中：

$\rho（Ca^{2+}）$ 或 $\rho（Mg^{2+}）$——钙或镁的浓度，g·mL^{-1}；

ts——分取倍数；

50——待测液体积，mL；

0.020 和 0.012 2——1/2 Ca^{2+} 和 1/2 Mg^{2+} 的摩尔质量，mol·kg^{-1}；

m——烘干土质量，g。

五、注意事项

原子吸收分光光度法测 Ca^{2+}、Mg^{2+} 时，待测液的浓度应稀释到符合该元素的工作范围内，仪器测定的灵敏度不同，必要时可将待测液分别稀释成适宜的浓度后再行测定。

K$^+$ 和 Na$^+$ 的测定——火焰光度法

一、实验方法和原理

火焰光度计测定 K、Na 元素是常规的方法，通过火焰燃烧激发 K、Na 元素，使之放射不同能量的光谱线,经单色器分解后可通过光电比色系统进行测量,确定土壤溶液中的 K^+、Na^+ 含量。为消除 K^+、Na^+ 相互之间的干扰,可配制 K^+、Na^+ 标准混合溶液。溶液中的 Ca^{2+} 在 $0 \sim 400$ mg·kg^{-1} 时对 K^+ 测定几乎无影响,但应注意其对 Na^+ 的影响。Ca^{2+} 在 20 mg·kg^{-1} 时对 Na^+ 就有干扰,可用 $Al_2(SO_4)_3$ 抑制 Ca^{2+} 的激发,减少干扰,其他离子如 Mg^{2+} 在 $0 \sim 500$ mg·kg^{-1} 时、Fe^{3+} 在 $0 \sim 200$ mg·kg^{-1} 时对 K^+、Na^+ 的测定无影响。

二、实验器具

火焰光度计。

三、试剂配制

1. $c = 0.1$ mol·L^{-1} 1/6 $Al_2(SO_4)_3$ 溶液:称取 $Al_2(SO_4)_3$ 34 g 或 $Al_2(SO_4)_3$·$18H_2O$ 66 g,溶于水中,稀释至 1 L。

2. 钾标准溶液:称取 1.906 9 g 分析纯 KCl(在 105 ℃烘干 $4 \sim 6$ h)溶解定容至 1 000 mL,则含 K^+ 为 1 000 g·mL^{-1},吸取此液 100 mL,定容至 1 000 mL,则得 100 g·mL^{-1} 钾标准溶液。

3. 钠标准溶液:称取 2.542 g 分析纯 NaCl(在 105 ℃烘干 $4 \sim 6$ h)溶解定容至 1 000 mL,则含 Na^+ 为 1 000 g·mL^{-1},吸取此液 250 mL,定容至 1 000 mL,则得 250 g·mL^{-1} 钠标准溶液。

将试剂 2、试剂 3 按需要混合可配成不同浓度的钾、钠标准混合溶液(如将 100 g·mL^{-1} K^+ 和 250 g·mL^{-1} Na^+ 标准溶液等量混合,则得 50 g·mL^{-1} K^+ 和 125 g·mL^{-1} Na^+ 的标准混合溶液,贮存在塑料瓶中备用)。

四、实验步骤

1. 标准曲线的制作。

吸取钾、钠标准混合溶液 0 mL、2 mL、4 mL、6 mL、8 mL、10 mL、12 mL、16 mL、20 mL,分别移入 50 mL 的容量瓶中,并分别加入 1 mL $Al_2(SO_4)_3$ 溶液,定容至刻度,则标准系列溶液中 K^+ 浓度为 0 g·mL^{-1}、2 g·mL^{-1}、4 g·mL^{-1}、6 g·mL^{-1}、8 g·mL^{-1}、10 g·mL^{-1}、12 g·mL^{-1}、16 g·mL^{-1}、20 g·mL^{-1},Na^+ 浓度为 0 g·mL^{-1}、5 g·mL^{-1}、10 g·mL^{-1}、15 g·mL^{-1}、20 g·mL^{-1}、25 g·mL^{-1}、30 g·mL^{-1}、40 g·mL^{-1}、50 g·mL^{-1}。于火焰光度计上分析测定,读取并记录检流计读数。以浓度(g·mL^{-1})为横坐标,以检流计读数为纵坐标,绘制标准工作曲线图。

2. 吸取 $10 \sim 20$ mL 土壤浸出液,置于 50 mL 容量瓶中,加 1 mL $Al_2(SO_4)_3$ 溶液定容。于火焰光度计上分析测定,读取并记录检流计读数。在标准工作曲线上以检流计读数查找 K^+、Na^+ 浓度(或利用回归方程代入计算得出待测液浓度)。

五、结果计算

土壤水溶性 K^+、Na^+ 含量 $(g \cdot kg^{-1}) = \rho(K^+、Na^+) \times 50 \times ts \times 103/m$

式中：

$\rho(K^+、Na^+)$——K^+、Na^+ 的浓度，$g \cdot mL^{-1}$；

ts——分取倍数；

50——待测液体积，mL；

m——土壤样品的质量，g。

六、注意事项

1. 盐渍土壤中 K^+ 的含量一般较低。当 Ca^{2+} 含量/K^+ 含量 > 10 时，Ca^{2+} 对 Na^+ 干扰较大，通常在待测液中 Ca^{2+} 含量 > 20 mL·L^{-1} 时就有干扰。

2. 火焰光度计测定时，每测一个样品都要用水或被测溶液充分吸洗喷雾系统。

七、作业题

1. 在盐渍土壤中，当 Ca^{2+} 含量/K^+ 含量 > 10 时，Ca^{2+} 对 Na^+ 产生干扰，为什么？

2. 为什么测定 Ca^{2+}、Mg^{2+} 含量时的待测液碱化后不宜久放？

3. 比较 Ca^{2+}、Mg^{2+} 的两种测定方法。

实验二十一　土壤阴离子的测定

实验目的和说明

盐土中含有大量水溶性盐类,土壤水溶性盐含量过高会降低土壤溶液的渗透势,影响作物生长,同一浓度的不同盐分危害作物的程度也不一样。因此,在对盐土进行化学分析时,需要对阴离子种类和数量进行测定。土壤阴离子分析一般包括对 Cl^-、SO_4^{2-}、CO_3^{2-}、HCO_3^-、NO_3^- 等的分析。内陆盐渍土壤,阴离子主要以 Cl^-、SO_4^{2-} 为主。滨海盐渍土壤,所含阴离子以 Cl^- 为主。土壤盐分中以 Na_2CO_3、$MgCl_2$ 的危害最大。

SO_4^{2-} 测定的标准方法是硫酸钡重量法和比浊法,除 SO_4^{2-} 外,阴离子分析测定时多采用半微量滴定法。

另外,水土比对土壤中盐分含量影响也很大。有些成分随水分的增加而增加,有些则相反。一般来讲,全盐量是随水分的增加而增加的。含石膏的土壤用 1∶5 的土水比浸提出来的 Ca^{2+} 和 SO_4^{2-} 数量是用 1∶1 土水比浸提出来的 5 倍。在含 $CaCO_3$ 的盐渍土壤中,土水比大,Na^+ 和 HCO_3^- 的测量结果也会变大。Na^+ 的增加是 $CaCO_3$ 溶解,Ca^{2+} 把胶体上 Na^+ 置换下来的结果。1∶5 的土水比浸出液中的 Na^+ 是 1∶1 土水比浸出液中的 Na^+ 的 2 倍。Cl^- 和 NO_3^- 变化不大。

CO_3^{2-}、HCO_3^- 的测定——双指示剂中和滴定法

通常在盐土中会有大量的 HCO_3^-,而在碱土或盐碱土中不仅有 HCO_3^-,也有 CO_3^{2-},却很少发现 OH^-,但在污染河水及地下水中都会有 OH^- 存在。

由于淋洗作用,盐土或盐碱土中会在土壤下层形成 $MgCO_3$、$CaCO_3$ 或者 $CaSO_4 \cdot 2H_2O$ 和 $MgSO_4 \cdot H_2O$ 沉淀,致使土壤上层 Ca^{2+}、Mg^{2+} 减少,$Na^+/(Ca^{2+}+Mg^{2+})$ 比值增大,进而加速了碱土的形成。伴随 Na^+ 的增多土壤中会出现大量 CO_3^{2-},这是由于土壤胶体吸附的 Na^+ 水解形成 NaOH,进而再作用于土壤空气中的 CO_2,产生 Na_2CO_3。因而 CO_3^{2-} 和 HCO_3^- 是盐碱土或碱土中的重要成分。

$$土壤 Na^+ + H_2O \longrightarrow 土壤 H^+ + NaOH$$
$$2\,NaOH + CO_2 \longrightarrow Na_2CO_3 + H_2O$$
$$Na_2CO_3 + CO_2 + H_2O \longrightarrow 2NaHCO_3$$

一、实验方法和原理

双指示剂中和滴定法是指在用标准酸溶液滴定混合性碱时,利用两种指示剂在两个滴定点时不同的颜色变化,来分别指示两个滴定终点的方法。土壤浸出液中同时存

在 CO_3^{2-} 和 HCO_3^- 时,可以应用双指示剂中和滴定法进行滴定。本实验先以酚酞为指示剂,$pH=8.2$ 时溶液颜色由红色变为无色,再以溴酚蓝作为指示剂,在 $pH=4.6$ 时呈蓝紫色。

$$2Na_2CO_3 + H_2SO_4 \longrightarrow 2NaHCO_3 + Na_2SO_4（pH=8.2 为酚酞滴定终点）$$
$$Na_2CO_3 + H_2SO_4 \longrightarrow Na_2SO_4 + CO_2 + H_2O（pH=4.6 为溴酚蓝滴定终点）$$

由两步反应中标准酸溶液的用量可分别求得土壤中 CO_3^{2-} 和 HCO_3^- 的含量。标准酸溶液可使用 HCl 或 H_2SO_4 滴定,H_2SO_4 滴定后的土壤溶液不会影响后面 Cl^- 的测定。

二、试剂配制

1. $5\ g \cdot L^{-1}$ 酚酞指示剂:称取 0.5 g 酚酞,溶于 100 mL 乙醇($600\ mL \cdot L^{-1}$)中。

2. $1\ g \cdot L^{-1}$ 溴酚蓝指示剂:称取 0.1 g 溴酚蓝,在少量乙醇($950\ mL \cdot L^{-1}$)中研磨溶解,然后用乙醇稀释定容至 100 mL。

3. $0.01\ mol \cdot L^{-1}\ 1/2\ H_2SO_4$ 标准溶液:量取 2.8 mL 浓 H_2SO_4($\rho = 1.84\ g \cdot mL^{-1}$),加水至 1 L,稀释 10 倍后,以标准硼砂溶液滴定。

三、实验步骤

吸取两份 $10 \sim 20$ mL 土水比为 1:5 的土壤浸出液,放入 100 mL 烧杯中。

在烧杯的溶液中边搅拌边加入酚酞指示剂 $1 \sim 2$ 滴,如果出现紫红色,即表明有 CO_3^{2-} 存在,用 H_2SO_4 标准溶液滴定,当溶液由浅红色变为无色的瞬间,即为终点,记录此时所用 H_2SO_4 溶液的毫升数(V_1)。

在溶液中继续加入 $1 \sim 2$ 滴溴酚蓝指示剂,继续边搅拌边用 H_2SO_4 标准溶液滴定至蓝紫色刚刚褪去为滴定终点,记录此阶段所用 H_2SO_4 溶液的毫升数(V_2)。

四、结果计算

土壤中水溶性 $1/2CO_3^{2-}$ 含量($cmol \cdot kg^{-1}$)$= \dfrac{2V_1 \times c \times ts}{m}$

土壤中水溶性 CO_3^{2-} 含量($g \cdot kg^{-1}$)$= 1/2CO_3^{2-}$ 含量($cmol \cdot kg^{-1}$)$\times 0.0300$

Cl^- 的测定

土壤中普遍都含有 Cl^-,但在盐土中 Cl^- 含量很高,甚至达水溶性盐总量的 80% 左右,因此可作为表征盐化程度的指标,Cl^- 含量的测定结果,也可用作盐土分类、改良的参考指标。在盐土理化性质测定时,Cl^- 是必测指标之一。

测定 Cl^- 的方法有硝酸汞滴定法和硝酸银滴定法(莫尔法)。硝酸汞滴定法使用二苯卡巴肼作为指示剂,灵敏度高,终点易见,但是比较烦琐。硝酸银滴定法使用

K_2CrO_4 作为指示剂,方法便捷准确,应用广泛。此外还可选择电极法和电位滴定法。

一、实验方法和原理

本实验采用硝酸银滴定法,其反应如下:

$$Cl^- + Ag^+ \longrightarrow AgCl \downarrow (白色)$$

$$CrO_4^{2-} + 2Ag^+ \longrightarrow Ag_2CrO_4 \downarrow (棕红色)$$

$AgCl$ 和 Ag_2CrO_4 虽然都是沉淀,但在室温下,$AgCl$ 的溶解度比 Ag_2CrO_4 的溶解度小,当加入 $AgNO_3$ 时,首先形成 $AgCl$ 沉淀(白色),当 Ag^+ 将溶液中 Cl^- 全部沉淀后,多余的 Ag^+ 即与 K_2CrO_4 指示剂产生 Ag_2CrO_4 沉淀(棕红色),达到反应终点。

该反应必须在中性溶液中进行,若环境处于酸性条件即会降低 K_2CrO_4 指示剂的灵敏性,反应如下:

$$CrO_4^{2-} + H^+ \longrightarrow HCrO_4^-$$

若环境处于碱性条件,则会因 $AgOH$ 先于 Ag_2CrO_4 沉淀出来,而看不到棕红色终点,反应如下:

$$Ag^+ + OH^- \longrightarrow AgOH \downarrow$$

所以用前述(测定 CO_3^{2-} 和 HCO_3^- 以后的)溶液进行 Cl^- 的测定比较合适,可将两个项目合并进行。

二、试剂配制

1. $50\ g \cdot L^{-1}K_2CrO_4$ 指示剂:称取 $5\ g\ K_2CrO_4$ 溶解于约 $75\ mL$ 蒸馏水中,以饱和的 $AgNO_3$ 溶液滴加,直至出现棕红色沉淀(Ag_2CrO_4)为止,$24\ h$ 避光保存,弃去或过滤除掉 Ag_2CrO_4 沉淀,将上清液稀释至 $100\ mL$,棕色瓶中贮存备用。

2. $0.025\ mol \cdot L^{-1}AgNO_3$ 标准溶液:将 $105\ ℃$ 烘干的 $AgNO_3\ 4.246\ 8\ g$ 溶解于水中,稀释至 $1\ L$。必要时用 $0.01\ mol \cdot L^{-1}KCl$ 溶液标定其准确浓度。

三、实验步骤

取两份土壤浸出液 $10 \sim 20\ mL$,以饱和 $NaHCO_3$ 溶液或 H_2SO_4 溶液($0.05\ mol \cdot L^{-1}$)调至 $pH = 8.3$(酚酞指示剂红色褪去),也可使用测完 CO_3^{2-} 和 HCO_3^- 以后的溶液做待测液继续滴定 Cl^-。

在待测液中滴加 $1 \sim 2$ 滴 K_2CrO_4 指示剂,边搅拌边用 $AgNO_3$ 标准溶液滴定,直至产生棕红色沉淀,摇动也不消失为止,记录 $AgNO_3$ 用量。

四、结果计算

$$土壤中水溶性\ Cl^-\ 含量(cmol \cdot kg^{-1}) = \frac{V \times c \times ts}{m}$$

土壤中水溶性 Cl^- 含量 $(g \cdot kg^{-1}) = Cl^-$ 含量 $(cmol \cdot kg^{-1}) \times 0.035\ 45$

式中：

V——消耗的 $AgNO_3$ 标准溶液体积，mL；

c——$AgNO_3$ 的物质的量浓度，$mol \cdot L^{-1}$；

ts——分取倍数；

m——烘干土质量，g；

$0.035\ 45$——Cl^- 的摩尔质量，$kg \cdot mol^{-1}$。

SO_4^{2-} 的测定——EDTA 滴定法

在水溶性盐的分析中，硫酸盐常作为内陆干旱地区盐土的分析项目。硫酸钡沉淀称重法是经典测定方法，但手续烦琐，现在多以 EDTA 滴定法为主。硫酸钡比浊法快速、方便，但准确性差。

一、实验方法和原理

将溶液中的 SO_4^{2-} 与过量 $BaCl_2$ 溶液充分作用，并完全沉淀。在 $pH = 10$ 时，过量 Ba^{2+} 用 EDTA 标准溶液进行滴定，以铬黑 T 作为指示剂。滴定过程可同时测定待测液中的 Ca^{2+} 和 Mg^{2+}。

此方法沉淀过程易产生 $BaCO_3$ 沉淀，在沉淀开始之前宜驱逐 CO_2，再趁热加入 $BaCl_2$ 溶液以促进形成 $BaSO_4$ 大颗粒沉淀物质。

实验中加入一定量的镁可使终点明显。通过待测液与空白溶液消耗 EDTA 量的差值，可推算 SO_4^{2-} 的量。

二、试剂配制

1. 钡镁混合液：称 $BaCl_2 \cdot 2H_2O$（化学纯）2.44 g、$MgCl_2 \cdot 6H_2O$（化学纯）2.04 g 溶于水中，稀释至 1 L，此溶液中 Ba^{2+} 和 Mg^{2+} 的浓度各为 $0.01\ mol \cdot L^{-1}$，每毫升约可沉淀 SO_4^{2-} 1 mg。

2. HCl（1∶4）溶液：一份化学纯 HCl（浓盐酸，$\rho \approx 1.19\ g \cdot mL^{-1}$）与四份水混合。

3. $0.01\ mol \cdot L^{-1}$ EDTA 二钠标准溶液：取 3.720 g EDTA 二钠溶于无 CO_2 蒸馏水中，加热至溶解，待冷却后定容至 1 L。用钙标准溶液标定，方法同滴定 Ca^{2+}。此液贮于塑料瓶中备用。

4. $pH = 10$ 的缓冲液：称取 33.75 g 分析纯 NH_4Cl 溶于 150 mL 水中，加 285 mL 氨水，用蒸馏水稀释至 500 mL。

5. 铬黑 T 指示剂：称取 0.5 g 铬黑 T 与 100 g 分析纯 NaCl（干燥）共同研细，棕色瓶贮存，保持瓶口密封，可长期使用。

6. K－B指示剂:称取0.5 g酸性铬蓝K和1 g萘酚绿B与100 g分析纯NaCl(干燥)共同研细,棕色瓶贮存,使用过程中注意盖好盖子,可供长期使用。或者称取0.1 g酸性铬蓝K,0.2 g萘酚绿B,以50 mL蒸馏水溶解,可保存一个月。

三、实验步骤

1. 吸取1:5土水比的土壤浸出液25.00 mL于150 mL锥形瓶中,加5滴1:4 HCl溶液,加热至沸腾,移取5 mL或10 mL(保持钡、镁过量)25%～100%的钡镁混合液,缓慢加入锥形瓶中,继续保持微沸5 min,然后放置2 h以上。

加入5 mL pH＝10的缓冲液,加入1～2滴铬黑T指示剂,或1小勺(约0.1 g)K－B指示剂,摇匀。以EDTA标准溶液滴定,观察溶液颜色变化,溶液由酒红色变为纯蓝色即为滴定终点,记录此时消耗EDTA标准溶液的体积(V_1)。

2. 空白标定。取25 mL水放入150 mL锥形瓶中,加5滴1:4 HCl溶液,移取并加入5 mL或10 mL(与待测液相同)25%～100%的钡镁混合液,加入5 mL pH＝10的缓冲液和1～2滴铬黑T指示剂或1小勺(约0.1 g)K－B指示剂,摇匀。以EDTA标准溶液滴定,观察溶液颜色变化,溶液由酒红色变为纯蓝色即为滴定终点,记录此时消耗EDTA标准溶液的体积(V_2)。

3. 土壤浸出液中Ca^{2+}、Mg^{2+}含量的测定。吸取步骤1中的土壤浸出液25 mL于150 mL锥形瓶中,加2滴1:1 HCl,摇动,加热至沸腾1 min,除去CO_2,冷却。加pH＝10缓冲液3.5 mL,并加铬黑T指示剂1～2滴,以EDTA标准溶液滴定至颜色变为天蓝色(如用K－B指示剂则由紫红色变成蓝绿色,此时为滴定终点),记录消耗EDTA标准溶液的量(V_3)。

四、结果计算

$$土壤中水溶性1/2SO_4^{2-}含量(cmol \cdot kg^{-1}) = \frac{(V_2 + V_3 - V_1) \times c(EDTA) \times ts \times 2}{m} \times 100$$

土壤中水溶性SO_4^{2-}含量($g \cdot kg^{-1}$)＝1/2SO_4^{2-}含量($cmol \cdot kg^{-1}$)×0.048 0

式中:

V_1——待测液中原有Ca^{2+}、Mg^{2+}与SO_4^{2-}作用后剩余钡镁混合液所消耗的总EDTA溶液的体积,mL;

V_2——空白标定所消耗的EDTA溶液的体积,mL;

V_3——待测液中原有Ca^{2+}、Mg^{2+}所消耗的EDTA溶液的体积,mL;

c——EDTA标准溶液的物质的量浓度,$cmol \cdot L^{-1}$;

ts——分取倍数;

m——烘干土质量,g;

0.048 0——1/2SO_4^{2-}的摩尔质量,$kg \cdot mol^{-1}$。

SO_4^{2-} 的测定——硫酸钡比浊法

一、实验方法和原理

硫酸钡比浊法是利用氯化钡（$BaCl_2$）晶粒与试液中 SO_4^{2-} 形成的 $BaSO_4$ 沉淀可以稳定分散成悬浊液的性质，应用比浊计或比色计测定吸光度（浊度）的方法。以标准溶液浓度与吸光度的相关性绘制工作曲线，再以待测液吸光度在曲线上对应查找 SO_4^{2-} 的浓度。

二、试剂配制

1. SO_4^{2-} 标准溶液：称取 0.181 4 g 分析纯 K_2SO_4（110 ℃烘干 4 h），溶于水，定容至 1 000 mL，此时 SO_4^{2-} 浓度为 100 g·mL^{-1}。

2. 稳定剂：75.0 g NaCl（分析纯）溶于 300 mL 水中，加入 30 mL 浓盐酸和 100 mL 950 mL·L^{-1}乙醇，再加入 50 mL 甘油，充分混合均匀。

3. 氯化钡晶粒：将分析纯 $BaCl_2$·$2H_2O$ 磨细过筛，取一定粒度（0.25～0.50 mm）的晶粒备用。

三、实验器具

分光光度计。

四、实验步骤

1. 绘制工作曲线。准确吸取 SO_4^{2-} 浓度为 100 g·mL^{-1}的标准溶液 0 mL、1 mL、2 mL、4 mL、6 mL、8 mL、10 mL，分别放入 25 mL 容量瓶中，加入 1 mL 稳定剂和 1 g $BaCl_2$晶粒，加水定容，摇匀待用，即为含 SO_4^{2-} 0 mg、0.1 mg、0.2 mg、0.4 mg、0.6 mg、0.8 mg、1.0 mg 的标准系列溶液。

2. 吸取 25 mL 土壤浸出液（为估测，通常 SO_4^{2-} 浓度 > 40 g·mL^{-1}，需要减小用量），盛于 50 mL 锥形瓶中。准确加入 1.0 g $BaCl_2$ 晶粒和 1.0 mL 稳定剂，水平转动锥形瓶使晶粒充分作用并完全溶解，立即进行比色测定（波长 420 nm 或 480 nm），以标准系列溶液的 0 mg 调节零点，测定待测液的吸光度，并从标准工作曲线上查得每 25 mL土壤浸出液中 SO_4^{2-} 含量（mg）。记录测定时的室温。

五、结果计算

$$土壤水溶性\ SO_4^{2-}\ 含量 = \frac{m_1}{m_2} \times 100\%$$

式中：

m_1——由标准工作曲线查得土壤浸出液的 SO_4^{2-} 质量，mg；

m_2——与土壤浸出液相当的干土质量，mg。

六、作业题

1. 用 EDTA 法测定 SO_4^{2-} 含量时，对于试液中 SO_4^{2-} 含量有何限制？为什么？

2. 比较 SO_4^{2-} 测定的两种方法的异同。

3. 几种阴离子测定的意义是什么？

实验二十二　土壤全氮量的测定

一、实验目的和说明

测定土壤全氮量常用于了解土壤氮素的存在形态、含量及基础肥力。土壤中的氮素绝大多数为有机态,因此土壤全氮量与土壤有机质含量呈正相关,同样也受到气候、植被、耕作制度、生物累积作用和分解等因素的影响。耕作土壤中有机质分解较多、积累较少,与自然土壤相比,全氮量也要低很多,我国耕作土壤全氮量一般为 $1.0 \sim 2.09 \ g \cdot kg^{-1}$,且呈逐年下降趋势。

本实验测定土壤全氮量,目的是为了了解土壤中氮的总储量,进而可以作为施肥尤其是施用有机肥的参考,也可以间接地了解自然状况下土壤有机质的归还情况,作为判断土壤肥力、拟定施肥措施的参考值。因此,它在推荐施肥时意义更大。

本实验要求学生学习土壤全氮量的测定方法,掌握半微量凯氏法测定土壤全氮量的原理及操作步骤,了解土壤全氮量测定结果在推荐施肥中的指导意义。

二、实验方法和原理

土壤全氮量的常规测定方法有干烧法、湿烧法。干烧法是将样品与 CuO 在 $600 \ ℃$ 以上高温灼烧,同时通以净化的 CO_2,则燃烧过程中产生的 N_2O 气体通过灼热的铜还原为 N_2,产生的 CO 则通过 CuO 转化为 CO_2,然后在定氮仪中测定氮气体积。

湿烧法即凯氏法,是利用浓硫酸等强氧化剂加速有机质的分解转化,将有机氮分解为氨进入溶液,再以标准酸溶液滴定蒸馏出的氨的方法,目前多用半自动或全自动定氮仪来测定,方法简单、操作性好。本实验采用半微量凯氏法。

三、实验器具

半微量定氮蒸馏装置(消煮炉、消化管、弯颈小漏斗、半微量滴定管等),硬质消煮管(或凯氏烧瓶,50 mL 或 100 mL),锥形瓶(150 mL),分析天平(感量 0.000 1 g)。

四、试剂配制

1. 混合催化剂:硫酸钾∶硫酸铜∶硒粉 = 100∶10∶1,称取 100 g 硫酸钾(化学纯)(CuSO₄ · 5 H₂O,化学纯)混合,研细,过 0.25 mm 筛。

2. 浓硫酸(密度 $1.84 \ g \cdot mL^{-1}$,化学纯)。

3. $400 \ g \cdot L^{-1}$ NaOH 溶液:称 400 g NaOH(化学纯)溶于水中,并稀释至 I L。

4. 甲基红 – 溴甲酚绿混合指示剂:分别称取溴甲酚绿 0.099 g (或 0.5 g)、甲基红 0.066 g (或 0.1 g)于玛瑙研钵中,研细,用 100 mL 乙醇溶解。该指示剂贮存期不超过

2 个月。

5. 20 g·L⁻¹硼酸溶液:称取 20 g 分析纯 H_3BO_3(硼酸),溶于 1 L 水中。

6. 硼酸－指示剂混合液:使用前,将硼酸溶液(20 g·L⁻¹)按每 100 mL 加入甲基红－溴甲酚绿混合指示剂 2 mL 的比例配制,并以稀盐酸或稀 NaOH 调节至紫红色,此时该溶液的 pH 值为 4.5。

7. 硼砂标准溶液($c = 0.010\ 0$ mol·L⁻¹):称取 1.906 8 g 分析纯 $Na_2B_4O_7·10H_2O$(硼砂),加水溶解并定容至 500 mL 容量瓶中。

8. 1 mol·L⁻¹盐酸溶液:量取 84 mL 浓盐酸,用水定容到 1 L。

9. 0.02 mol·L⁻¹盐酸标准溶液:配制 0.1 mol/L 盐酸溶液,用 0.100 0 mol·L⁻¹硼砂标准溶液标定后,再准确加水稀释 5 倍,计算稀溶液浓度(mol·L⁻¹)。

标定方法如下:吸取 20 mL 0.100 0 mol·L⁻¹硼砂标准溶液于 100 mL 锥形瓶中,加甲基红－溴甲酚绿混合指示剂 1 滴,用盐酸滴定,溶液颜色由蓝色变为紫红色,即为终点,按下式计算盐酸的标准溶液浓度:

$$c = \frac{0.100\ 0 \times V_1}{V_2 - V_0}$$

式中:

c——HCl 标准溶液的浓度,mol·L⁻¹;

0.100 0——硼砂标准溶液的浓度,mol·L⁻¹;

V_1——硼砂标准溶液的体积,mL;

V_2——滴定硼砂时消耗盐酸标准溶液的体积,mL;

V_0——滴定水消耗盐酸标准溶液的体积,mL。

五、实验步骤

1. 消煮:称取 1.000 0 g(精确到 0.000 1 g)风干土(<0.149 mm)(含氮 1 mg 左右),将土样小心送入干燥硬质消煮管(凯氏烧瓶)底部,加入混合催化剂 2 g,摇匀,加几滴水湿润样品,再加浓硫酸 5 mL,瓶口放一弯颈小漏斗,打开通风橱,用消煮炉消煮,小火加热 10～15 min,至无泡沫产生后,升温并控制瓶内 H_2SO_4蒸气回流至 1/3 瓶颈处,注意勿使内容物烧干,消煮至内容物变灰白略带绿色时(约需 15 min),再继续消煮 60 min,总消煮时间为 85～90 min,消煮结束,取下硬质消煮管,冷却以待蒸馏。同时做空白实验。

2. 蒸馏:移取硼酸－指示剂混合液(5 mL 20 g·L⁻¹)于 150 mL 锥形瓶中,并放置于蒸馏装置的冷凝管下端,管口置于硼酸液面上 3～4 cm 处。用蒸馏水清洗硬质消煮管管壁,控制液体总量不超过 40 mL,打开冷凝水,经三通管加入 20 mL NaOH 溶液(400 g·L⁻¹),启动蒸馏,8～10 min 后,或锥形瓶盛接的馏出液为 50～55 mL 时,检查氨气生成(用广泛试纸或纳氏试剂),若无氨气溢出,则取下锥形瓶待滴定。

3. 滴定:将锥形瓶中硼酸吸收的氨气,用盐酸标准溶液(0.02 mol·L⁻¹)滴定,观察颜色由蓝绿色变至紫红色时即为滴定终点,记录消耗盐酸标准溶液的体积。同法做空白样品的蒸馏与滴定。

六、结果计算

1. 计算公式

$$w_N = \frac{(V - V_0) \times c \times 0.014}{m_1 \times K_2} \times 1\,000$$

式中:

w_N——全氮量,$g \cdot kg^{-1}$;

V——滴定样品消耗盐酸标准溶液体积,mL;

V_0——滴定试剂空白实验消耗盐酸标准溶液体积,mL;

c——盐酸标准溶液的浓度,$mol \cdot L^{-1}$;

0.014——氮原子的摩尔质量,$g \cdot mmol^{-1}$;

K_2——风干土换算成烘干土的吸湿水系数;

m_1——风干土质量,g。

2. 允许偏差

按表 2 – 22 – 1 中的规定。

表 2 – 22 – 1　允许偏差

测定值/($g \cdot kg^{-1}$)	绝对偏差/($g \cdot kg^{-1}$)
>5	0.15 ~ 0.30
1 ~ 5	0.05 ~ 0.15
0.5 ~ 1	0.03 ~ 0.05
<0.5	<0.03

七、注意事项

1. 硼酸 – 指示剂混合液宜在使用前再混合,以防失效。

2. 本法测定的氮不包括 NO_3^-、NO_2^-,一般土壤中 NO_3^- 含量不超过全氮量的 1%,在此选择忽略不计。

八、作业题

1. 土壤全氮包括哪些形态的氮,作物吸收利用的主要是哪几种形态的氮?

2. 在土壤全氮量的测定过程中,如何有效防止氮元素的损失?

实验二十三　土壤水解性氮含量的测定

一、实验目的和说明

土壤水解性氮可作为土壤有效氮的指标，包括无机氮（$NH_4^+ - N$、$NO_3^- - N$）及易水解的有机氮（氨基酸、酰胺和易水解的蛋白质等），其含量的多少直接关系到当季土壤中氮的供应状况，并与作物产量有一定的相关性。测定土壤水解性氮含量，可掌握土壤中氮元素的动态变化，对田间施肥管理有一定的指导意义。

本实验要求学生学习土壤水解性氮含量的测定方法，掌握碱解扩散法测定土壤水解性氮含量的原理和步骤，学会依据测定结果指导施肥。

二、实验方法和原理

常规测定方法是碱解扩散法，即用一定浓度的碱液去处理土壤，分解易水解的有机氮与 $NH_4^+ - N$ 为 NH_3（若需要同时测定 $NO_3^- - N$，则先用 $FeSO_4$ 处理，使其转化为 NH_3），再以硼酸吸收 NH_3，再用标准浓度的酸溶液进行滴定，计算水解性氮的含量。

三、实验器具

扩散皿（含配套毛玻璃）、恒温箱、电子天平、半微量滴定管（5 mL）。

四、试剂配制

1. 1.07 mol·L^{-1} NaOH：称取 42.8 g NaOH 溶于水中，冷却后稀释至 1 L。

2. 2% 硼酸 – 指示剂混合溶液：称取 20 g H_3BO_3，加 900 mL 水，微热溶解，冷却后，加入 20 mL 混合指示剂（0.099 g 溴甲酚绿和 0.066 g 甲基红溶于 100 mL 乙醇中）。再以 NaOH（0.1 mol·L^{-1}）调节成紫红色，以水稀释定容至 1 L。

3. 0.005 mol·L^{-1} H_2SO_4 标准溶液：取浓 H_2SO_4 1.42 mL，加蒸馏水 5 000 mL，然后用标准碱或硼砂（$Na_2B_4O_7 \cdot 10H_2O$）溶液标定。

4. 碱性甘油：按阿拉伯胶 40 g 加水 50 mL 的比例配制，加热并搅拌促溶，冷却后，加入 30 mL 饱和 K_2CO_3 水溶液和 20 mL 甘油，搅匀，离心，取上清液备用。

5. 硫酸亚铁粉末（$FeSO_4 \cdot 7H_2O$）：将 $FeSO_4 \cdot 7H_2O$ 研细，存于阴凉处。

五、实验步骤

1. 称取 2.00 g（精确到 0.01 g）风干土样（< 1 mm）和 0.20 g 硫酸亚铁粉末，于扩散皿外室均匀铺平，扩散皿应在实验台上水平轻轻旋转操作，勿倾斜、勿振动，下同。

2. 在扩散皿内室，加入硼酸 – 指示剂混合溶液 2 mL，在扩散皿外室边缘用碱性甘油小心涂抹(碱性甘油用量要恰当,过多易流出,过少则黏合不严,尤其注意不要弄到内室中),盖上并旋转毛玻璃,使之与扩散皿外缘完全黏合,轻推开毛玻璃,使扩散皿露出注射缝,迅速将 10 mL NaOH(1.07 mol · L⁻¹)加入扩散皿外室,迅速将毛玻璃推上,并旋转盖严,将扩散皿在台面上水平轻转,使溶液充分作用于全部土壤,小心以橡皮筋固定,置于 40 ℃的恒温箱中。

3. 一天后取出,进行半微量滴定,以 H_2SO_4 标准溶液(0.005 mol · L⁻¹)滴定扩散皿内室硼酸溶液中吸收的 NH_4^+,其滴定终点为紫红色。

同期做空白实验。

4. 数据记录于表 2 – 23 – 1 中。

表 2 – 23 – 1　水解性氮含量测定数据记录表

重复	I	II	III
风干土质量/g			
试液所用 H_2SO_4 标准溶液体积/mL			
空白所用 H_2SO_4 标准溶液体积/mL			
H_2SO_4 标准溶液浓度/(mol · L⁻¹)			
水解性氮含量/(mg · kg⁻¹)			
平均值			

六、结果计算

按下列公式计算:

$$土壤中水解性氮含量(mg · kg^{-1}) = \frac{c \times (V - V_0) \times 14}{m} \times 1\,000$$

式中:

c——H_2SO_4 标准溶液的浓度,mol · L⁻¹;

V——样品测定时,用去 H_2SO_4 标准溶液的体积,mL;

V_0——空白测定时,用去 H_2SO_4 标准溶液的体积,mL;

14——氮的摩尔质量,g · mol⁻¹;

1 000——换算系数;

m——土壤质量,g。

七、注意事项

在测定过程中碱的种类和浓度、土液比、水解的温度和时间等因素对测得值的高低,都有一定的影响。为了得到可靠的、能相互比较的结果,必须严格按照所规定的条件进行测定。

八、参考指标

土壤水解性氮丰缺指标见表 2 – 23 – 2。

表 2 – 23 – 2　土壤水解性氮丰缺指标

土壤水解性氮含量/(mg·kg^{-1})	等级
< 25	极低
25 ~ 50	低
50 ~ 100	中等
100 ~ 150	高

九、作业题

1. 土壤中全氮量、水解性氮含量与速效氮含量有什么区别与联系？

2. 查找测土壤水解性氮含量的酸解法，并比较两种测量方法的差异。

实验二十四　土壤全磷量的测定

一、实验目的和说明

土壤中全磷量为 0.01% ~ 0.12%，包括有机磷和无机磷。土壤有机磷包括植素磷、核酸和磷脂，其含量与土壤有机质存在一定的相关性。土壤无机磷通常占全磷量的大部分，主要有水溶态、吸附态和矿物态，几乎全部是 Ca、Mg、Fe、Al 的正磷酸盐，在不同土壤中，无机磷的表现形态也不相同，例如：在酸性土壤中主要为磷酸铁和磷酸铝；石灰性土壤中主要是磷酸钙、磷酸镁；而中性土壤中，几种形态的磷酸盐几乎比例相当。

测定土壤全磷量，对于了解土壤磷素供应状况有一定帮助，例如：当土壤全磷量低于某水平时，可以说明其内存不足，继而供磷能力亦不足。但却不能将其作为判断供磷能力的绝对指标，因为磷素发挥有效性还有赖于各种环境条件，所以土壤全磷量测定可作为判断土壤肥力的参考指标。

本实验可作为教学限选或开放性实验项目，使学生了解土壤全磷量测定的方法。

二、实验方法和原理

土壤全磷量测定方法有很多，如 $HClO_4 - H_2SO_4$ 消煮法、Na_2CO_3 熔融法、$HF - HClO_4$ 消煮法、NaOH 碱熔钼锑抗比色法等，其中标准方法为 NaOH 碱熔钼锑抗比色法（此法的碱熔步骤可参阅土壤全钾量的测定），Na_2CO_3 熔融法虽然操作步骤较烦琐，但样品分解完全，也是全磷量测定的标准方法，$HClO_4 - H_2SO_4$ 消煮法对样品分解较不完全，但其分解率也已达到全磷量分析的要求，且操作方便，因此应用最普遍。此法所得消煮液可同时用于测定全氮量、全磷量。

本实验采用 $HClO_4 - H_2SO_4$ 消煮法测定全磷量。$HClO_4$ 是一种强氧化剂，用其分解土样，可同时作用于土壤矿质和有机质，助力胶状硅的脱水作用，且能加强与 Fe^{3+} 的络合作用，很大程度上抑制了硅和铁的干扰，使比色过程顺利进行。H_2SO_4 也是一种强氧化剂，可有助于加速消化进程。

消煮液中的磷可采用钼锑抗比色法进行测定。向其中加入钼酸铵，在一定酸度条件下，磷酸和钼酸形成磷钼杂多酸，反应如下：

$$H_3PO_4 + 12H_2MoO_4 =\!=\!= H_3PMo_{12}O_{40} + 12H_2O$$

$$H_3PMo_{12}O_{40} + 3NH_4^+ =\!=\!= (NH_4)_3PMo_{12}O_{40} + 3H^+$$

在过量 NH_4^+ 存在条件下，可生成稳定的磷钼杂多酸铵黄色沉淀，为了提高灵敏度，加入钼锑抗混合试剂（其中的抗坏血酸为还原剂），使一部分 Mo^{6+} 被还原为 Mo^{5+}，生成更为复杂的"磷钼蓝"，在一定条件下，因其呈现蓝色的深浅与磷的含量成比例,所以可于分光光度计上比色测定。

三、实验器具

分光光度计、高温电炉。

四、试剂配制

1. 浓硫酸:浓 H_2SO_4,$\rho \approx 1.84$ g·cm^{-3},分析纯。

2. 高氯酸:$HClO_4$,$\rho \approx 1.60$ g·cm^{-3},70% ~72%,分析纯。

3. 2,6 - 二硝基酚(或 2,4 - 二硝基酚)指示剂:溶解 0.25 g 二硝基酚于 100 mL 水中。此指示剂在 pH < 3 时呈无色,在 pH > 3 时呈黄色。

4. 4 mol·L^{-1} NaOH 溶液:溶解 NaOH 16 g 于 100 mL 水中。

5. 2 mol·L^{-1}(1/2 H_2SO_4)溶液:移取 6 mL 浓 H_2SO_4 于 80 mL 蒸馏水中,边加边搅拌,冷却后定容至 100 mL。

6. 钼锑抗混合试剂。

(1)5 g·L^{-1}酒石酸氧锑钾溶液:取酒石酸氧锑钾[K(SbO)C$_4$H$_4$O$_6$·0.5 H$_2$O]0.5 g,溶解于 100 mL 水中。

(2)钼酸铵 - 硫酸溶液:称取 10 g 钼酸铵[(NH$_4$)$_6$Mo$_7$O$_{24}$·4 H$_2$O],溶解于 450 mL 蒸馏水中,缓慢向内注入 153 mL 浓硫酸,边加边搅动。

(3)钼锑混合液:将上述溶液(1)与(2)混合,加水定容至 1 000 mL,充分摇匀即成,于棕色瓶中贮存。

(4)钼锑抗混合试剂:测定当天,称取 1.5 g 化学纯 C$_6$H$_8$O$_6$(左旋抗坏血酸),溶于 100 mL 钼锑混合液[溶液(3)]中,混匀。该溶液需要现用现配,以防失效,也可在冰箱中存放 3 ~5 天。此试剂中 H_2SO_4 为 5.5 mol·L^{-1}(H$^+$),钼酸铵为 10 g·L^{-1},酒石酸氧锑钾为 0.5 g·L^{-1},抗坏血酸为 15 g·L^{-1}。

7. 50 μg·mL^{-1}磷标准溶液:准确称取 0.219 5 g 分析纯 KH$_2$PO$_4$(105 ℃烘干),溶解在 400 mL 水中,加浓 H_2SO_4 5 mL(加浓 H_2SO_4 防止长霉菌),定容于 1 L 容量瓶中。

8. 5 μg·mL^{-1}磷标准溶液:吸取 25 mL 50 μg·mL^{-1}磷标准溶液,并稀释至 250 mL,此溶液不宜久存。

五、实验步骤

1. 待测液的制备:准确称取 0.500 0 ~1.000 0 g 风干土样(< 0.149 mm),置于 100 mL 硬质消煮管中,以水润湿,加入 8 mL 浓 H_2SO_4,轻轻摇动(勿对着人,动作幅度宜轻),加 10 滴 $HClO_4$(70% ~72%),轻轻摇匀,试管口加弯颈小漏斗,置于消煮炉上加热消煮,溶液逐渐转白,持续消煮。全部消煮时间为 40 ~60 min。同时做空白实验。

待消煮液冷却后,倒入预盛水 30 mL 左右的容量瓶(100 mL)中,以水少量多次地清洗硬质消煮管,并将洗液全部收集于容量瓶中,定容至刻度。静置一夜后,取上清液进行全磷量测定;也可不用静置,直接过滤后测定。

2. 测定:吸取 5 mL 滤液(含磷 20 ~ 30 μg 为最好)稀释至 30 mL,加 2 滴二硝基酚指示剂,滴入 NaOH 溶液(4 mol · L^{-1})至溶液显黄色,再加入 1 滴 1/2 H$_2$SO$_4$(2 mol · L^{-1}),至黄色刚好消退。再加入 5 mL 钼锑抗混合试剂,加水定容至 50 mL,摇匀待用。30 min 显色后,在分光光度计上比色测定(波长 700 nm 或 880 nm)。

3. 标准工作曲线:准确吸取 5 μg · mL^{-1} 磷标准溶液 0 mL、1 mL、2 mL、4 mL、6 mL、8 mL、10 mL,分别放入 50 mL 容量瓶中,加水至约 35 mL,调节溶液 pH 值为 3,再加入 5 mL 钼锑抗混合试剂,以水定容至刻度。30 min 显色后在分光光度计上比色。各瓶比色液磷的浓度分别为 0 μg · mL^{-1}、0.1 μg · mL^{-1}、0.2 μg · mL^{-1}、0.4 μg · mL^{-1}、0.6 μg · mL^{-1}、0.8 μg · mL^{-1}、1.0 μg · mL^{-1}。以磷的浓度为横坐标,以吸光度为纵坐标,绘制标准工作曲线。

六、结果计算

在标准工作曲线上,通过待测液吸光度查得磷含量,按下式计算:

$$土壤全磷量(g · kg^{-1}) = \rho \times \frac{V}{m} \times \frac{V_2}{V_1} \times 10^{-3}$$

式中:

ρ——待测液中磷的质量浓度,μg · mL^{-1};

V——样品制备溶液的体积,mL;

m——烘干土质量,g;

V_1——吸取滤液体积,mL;

V_2——显色的溶液体积,mL;

10^{-3}——单位换算系数。

七、注意事项

1. 显色时,溶液中含磷量为 20 ~ 30 μg 为最好。可通过调整称样量或显色前吸取待测液的体积来控制磷浓度。

2. 880 nm 波长的比色结果比 700 nm 波长更灵敏。

八、作业题

1. 土壤全磷量的影响因素有哪些?

2. 全磷量与有效磷含量的测定方法有何异同?

实验二十五　土壤有效磷含量的测定

一、实验目的和说明

土壤有效磷是指用土壤浸提剂提取的与当季作物生长有良好相关性的各种形态的磷,土壤有效磷含量的单位为 $mg \cdot kg^{-1}$。土壤有效磷的含量,受土壤类型、气候、耕作栽培措施、施肥水平、灌溉条件等因素影响。通过土壤有效磷含量的测定,可以了解土壤磷素供应状况,进而为合理施用磷肥及提高磷肥利用率提供依据。

本实验要求学生掌握比色法测定土壤有效磷含量的方法,了解土壤中磷素形态及其土壤供磷能力与土壤有效磷含量的关系。

二、实验方法和原理

土壤浸提剂有很多种,在报告土壤有效磷含量测定结果时,必须同时说明所使用的测定方法。我国常规方法是以 $0.5\ mol \cdot L^{-1}$ $NaHCO_3$ 溶液为浸提剂的 Olsen 法,适用于石灰性土壤、中性土壤和酸性水稻土,并与作物反应有良好的相关性。而用 $0.025\ mol \cdot L^{-1}$ $HCl - 0.030\ mol \cdot L^{-1}$ NH_4F 为浸提剂的 Bray 法适用于酸性土壤有效磷含量的测定。

Olsen 法实验原理:浸提剂中的 HCO_3^- 与石灰性土壤中的 Ca^{2+} 可形成 $CaCO_3$ 沉淀,进而降低 Ca^{2+} 的活度,促使 $Ca - P$ 被浸提出来。同时,也可使 $Fe - P$、$Al - P$ 水解而部分被提取。此外,$NaHCO_3$ 溶液中的多种阴离子(OH^-、HCO_3^-、CO_3^{2-} 等),有利于置换吸附态磷。浸提过程进行得较完全,提取的磷与钼锑抗混合试剂反应,被还原呈现蓝色,磷浓度越高,蓝色越深,可应用分光光度计比色测定。当土样含有机质较多时,会使浸出液颜色变深而影响吸光度,可以在过滤前加入活性炭脱色。

Bray 法实验原理:酸性土壤中的磷酸铁和磷酸铝用酸性氟化铵提取,形成含氟络合物,而磷酸根被浸提到溶液中,与钼酸铵作用生成磷钼杂多酸,使用氯化亚锡将其还原成磷钼蓝,呈现蓝色,磷浓度越高,蓝色越深,可于分光光度计上比色测定。

三、实验器具

塑料杯,往复式振荡机,分光光度计或光电比色计,电子天平(感量 $0.001\ g$)。

四、试剂配制

1. Olsen 法

(1)$0.5\ mol \cdot L^{-1}$ $NaHCO_3$ 浸提剂:称取 $42.0\ g$ $NaHCO_3$ 溶于水中,稀释至 $1\ L$,用 $4\ mol \cdot L^{-1}$ $NaOH$ 调节 pH 值至 8.5,该溶液只能保存半个月。

(2)钼锑抗混合试剂:称取 $0.5\ g$(酒石酸锑钾),溶于 $100\ mL$ 水中,该溶液浓度为

$5\ g\cdot L^{-1}$。

钼锑混合液:称取 10 g 钼酸铵溶于 450 mL 水中,再缓慢加入 153 mL 浓 H_2SO_4,不断搅动,再加入 100 mL 酒石酸锑钾溶液($5\ g\cdot L^{-1}$),加水定容至 1 L,充分摇匀,于棕色瓶中贮存。

实验当天称取 1.5 g 左旋抗坏血酸溶解于 100 mL 钼锑混合液中,并混匀,即为钼锑抗混合试剂。此溶液中 H_2SO_4 为 $5.5\ mol\cdot L^{-1}$(H^+),钼酸铵为 $10\ g\cdot L^{-1}$,酒石酸氧锑钾为 $0.5\ g\cdot L^{-1}$,抗坏血酸为 $15\ g\cdot L^{-1}$。

(3)$100\ mg\cdot kg^{-1}$ 磷标准溶液:称取 0.439 4 g KH_2PO_4(105 ℃烘 2 h)溶于 200 mL 水中,加入 5 mL 浓 H_2SO_4,加水定容至 1 L,此为浓度为 $100\ mg\cdot kg^{-1}$ 的磷标准液,可较长时间保存。

(4)$5\ mg\cdot kg^{-1}$ 磷标准溶液:取 $100\ mg\cdot kg^{-1}$ 磷标准溶液,用 $0.5\ mol\cdot L^{-1}$ $NaHCO_3$ 溶液稀释 20 倍,此液不宜久存。

2. Bray 法

(1)$0.5\ mol\cdot L^{-1}$ HCl 溶液:20.2 mL 浓 HCl 用蒸馏水稀释至 500 mL。

(2)$10\ mol\cdot L^{-1}$ NH_4F 溶液:溶解 NH_4F 37 g 于水中,稀释至 1 L,贮存在塑料瓶中。

(3)$0.025\ mol\cdot L^{-1}$ HCl $-0.030\ mol\cdot L^{-1}$ NH_4F 溶液:分别吸取 $1.0\ mol\cdot L^{-1}$ NH_4F 溶液 15 mL,$0.5\ mol\cdot L^{-1}$ HCl 溶液 25 mL,加入到 460 mL 蒸馏水中。

(4)钼酸铵试剂。溶解钼酸铵 15 g 于 350 mL 蒸馏水中,徐徐加入 $10\ mol\cdot L^{-1}$ HCl 350 mL,搅匀,加水定容至 1 L,于棕色瓶中贮存。

(5)$25\ g\cdot L^{-1}$ 氯化亚锡甘油溶液:称取 2.5 g 氯化亚锡完全溶解于 10 mL 浓 HCl 中,加入 90 mL 化学纯甘油,混匀并贮存在棕色瓶中。

(6)$50\ \mu g\cdot mL^{-1}$ 磷标准溶液:准确称取 0.219 5 g 分析纯 KH_2PO_4(105 ℃烘干),溶解在 400 mL 水中,加浓 H_2SO_4 5 mL(防止长霉菌),加水定容至 1 L。此溶液为 $50\ \mu g\cdot mL^{-1}$ 磷标准溶液。再分取 50 mL 该标准溶液,稀释至 250 mL,即是浓度为 $10\ \mu g\cdot mL^{-1}$ 的磷标准溶液。

五、实验步骤

1. Olsen 法

(1)称取 2.50 g(精确到 0.01 g)风干土样(<1 mm)置于 150 mL 锥形瓶中,并做空白实验。

(2)加入 $0.5\ mol\cdot L^{-1}$ $NaHCO_3$ 浸提剂 50 mL,塞紧瓶塞,在往复式振荡机上振荡 30 min,向土壤悬浊液中加一勺无磷活性炭,摇匀,并立即使用无磷干滤纸过滤,滤液盛接于 150 mL 干燥的锥形瓶中。

(3)吸取滤液 10 mL 于 50 mL 容量瓶中,加入钼锑抗混合试剂 5 mL,显色,慢慢摇匀,并使 CO_2 逸出,定容后于室温条件下显色 30 min。

（4）用 1 cm 光径比色杯在 700 nm（或 880 nm）波长下进行比色，以空白溶液的透光率为 100，调节分光光度计的零点，读出测定溶液的吸光度，在标准工作曲线上查出显色液的磷含量（mg·kg^{-1}）。

（5）标准工作曲线制备：准确吸取 5 mg·kg^{-1} 的磷标准溶液 0 mL、1.50 mL、2.50 mL、5.00 mL、10.00 mL、15.00 mL、20.00 mL、25.00 mL，于 8 个 50 mL 容量瓶中，以 NaHCO$_3$（0.5 mol·L^{-1}）溶液定容。该磷标准系列溶液中磷的浓度依次为 0 mg·L^{-1}、0.15 mg·L^{-1}、0.25 mg·L^{-1}、0.50 mg·L^{-1}、1.00 mg·L^{-1}、1.50 mg·L^{-1}、2.00 mg·L^{-1}、2.50 mg·L^{-1}。吸取该标准系列溶液各 10.00 mL，同上处理显色（同步骤3），测读该系列溶液的吸光度（同步骤4），以磷浓度为横坐标，吸光度为纵坐标，绘制标准工作曲线。

2. Bray 法

（1）称取 1.000 g 土样，置于试管中，加入 7 mL 浸提剂。加塞，摇匀约 1 min，即用无磷干滤纸过滤。吸取 2 mL 滤液，加 6 mL 蒸馏水和 2 mL 钼酸铵试剂，混匀后，加 1 滴氯化亚锡甘油溶液，再混匀。立即于分光光度计上比色测定（波长选用 700 nm）。

（2）标准工作曲线的绘制：分别准确吸取 10 μg·mL^{-1} 磷标准溶液 2.5 mL、5.0 mL、10.0 mL、15.0 mL、20.0 mL 和 25.0 mL，置于 50 mL 容量瓶中并定容，配成 0.5 μg·mL、1.0 μg·mL、2.0 μg·mL、3.0 μg·mL、4.0 μg·mL、5.0 μg·mL^{-1} 磷标准系列溶液。吸取各 2 mL 该标准系列溶液，加 6 mL 水和 2 mL 钼酸铵试剂，再加氯化亚锡甘油溶液 1 滴进行显色，绘制标准工作曲线。

六、结果计算

1. Olsen 法

按以下公式计算：

$$土壤中有效磷含量（mg·kg^{-1}）= \frac{显色液磷浓度 \times 显色液体积 \times 分取倍数}{m \times K}$$

式中：

显色液磷浓度数——从标准工作曲线查得显色液的磷浓度，mg·kg^{-1}；

显色液体积——50 mL。

$$分取倍数 —— \frac{浸提剂总体积（50 mL）}{吸取浸出液体积（mL）}$$

m——风干土质量，g；

K——风干土换算成烘干土的吸湿水系数。

2. Bray 法

按以下公式计算：

$$土壤有效磷含量（mg·kg^{-1}）= \frac{c \times 10 \times 7}{m \times K \times 2 \times 10^3} \times 1\,000 = \frac{C}{m \times K} \times 35$$

式中：

c——从标准曲线上查得磷的质量浓度，$g \cdot mL^{-1}$；

m——风干土质量，g；

K——风干土换算成烘干土的吸湿水系数；

10——显色时定容体积，mL；

7——浸提剂体积，mL；

2——吸取滤液体积，mL；

10^3——将 g 换算成 mg；

1 000——换算成每千克含磷量。

七、注意事项

1. 活性炭会吸附 PO_4^{3-}，但当大量 HCO_3^- 与 PO_4^{3-} 共存时，HCO_3^- 会使饱和活性炭表面饱和，而抑制其对 PO_4^{3-} 的吸附。

2. Olsen 法受温度影响很大，因此必须严格控制浸提时的温度条件。不仅同一批次样品温度要相同，不同批次样品也应固定于相同温度才能进行比较。一般在室温（20～25 ℃）条件下显色效果较理想。

3. $NaHCO_3$ 浸提剂加钼锑抗混合试剂后，会产生大量的 CO_2 气体，在容量瓶中摇匀时易造成试液外溢而引起误差，可换用锥形瓶，注意准确量取浸提剂、钼锑抗混合试剂和水（共计 50 mL）即可，混匀后显色。

八、参考指标

土壤有效磷含量丰缺指标见表 2 - 25 - 1。

表 2 - 25 - 1　土壤有效磷含量丰缺指标

等级	土壤有效磷含量/（mg·kg⁻¹）	
	Olsen 法	Bray 法
极低	—	<3
低	<5	3～7
中等	5～10	7～20
高	>10	>20

九、作业题

1. 土壤有效磷含量测定时，浸提剂的选择是依据什么？

2. 分光光度计的吸光度与透光率是怎样的关系？

3. 有哪些因素会影响土壤有效磷含量测定的结果？

实验二十六　土壤全钾量的测定

一、实验目的和说明

土壤的全钾量（K，g·kg^{-1}）一般在 16.1 g·kg^{-1} 左右，高的可达 24.9 ~ 33.2 g·kg^{-1}，低的可低至 0.8 ~ 3.3 g·kg^{-1}。全钾量因不同区域、不同地形、不同气候、不同土壤类型而差异很大。土壤全钾量还受土壤黏土矿物种类的影响，一般来说，2:1 型黏土矿物比 1:1 型黏土矿物全钾量高，尤其是伊利石含量高的土壤，其全钾量也较高。按钾供应的速度和有效性可将土壤中的钾分为速效钾、缓效钾和无效钾。其中速效钾又包括水溶性钾和交换性钾两种类型。在农田应用上，速效钾的分析测定是常规项目，而全钾量测定较少，尤其在土壤肥力分析时意义不大，但分析全钾量，可有助于鉴别土壤黏土矿物种类，可以用于判别土壤中钾的储量。

本实验可作为教学限选或开放性实验项目，使学生了解土壤全钾量测定的方法。

二、实验方法和原理

土壤全钾量的测定分为两步：样品的分解和溶液中钾的测定。

土壤全钾样品的分解，可分为酸溶法和碱熔法。酸溶法采用 HF – HClO$_4$ 法，既需用昂贵的铂坩埚，又要求有良好的通风，目前改进的方法是使用密闭的聚四氟乙烯塑料坩埚代替。碱熔法包括 Na$_2$CO$_3$ 熔融法和 NaOH 熔融法，国际上通用 Na$_2$CO$_3$ 熔融法，但对熔剂纯度要求较高，且需要铂坩埚。而 NaOH 熔融法，可使用银（镍）坩埚代替铂坩埚，且分解比较完全，待测液可同时测定全磷量和全钾量。现在国内实验室一般采用 NaOH 熔融法。它就是利用 NaOH 熔融（熔点 321 ℃）土壤，增加盐基成分，促进难溶的硅酸盐分解，则土壤矿物晶格中的钾转变成可溶性钾，即可进行钾含量的测定。

溶液中 K$^+$ 通常用火焰光度法、四苯硼钠比浊法、亚硝酸钴钠法和钾电极法进行测定，而火焰光度法为常规方法。该法的特点是操作简便、准确性较高。其工作原理为：将待测液通过雾化器喷成雾状，以气 – 液溶胶形式被导入火焰中，在火焰中被激发产生光谱，其中各元素会发射出特定波长的光来，经单色器分解后可通过光电比色系统进行测量，特别适用于易激发的 K、Na 等元素的测定，如 K 原子的分析线波长采用 766.4 nm 或 769.8 nm，钠原子的分析线波长是 589 nm 或 330 nm。当保持一定的燃气和空气的供给速度、稳定的雾化速度、恒定的物质比例时，物质的浓度即可与光电流强度成正比，把该光电流强度与标准状态下的光电流强度进行强弱比较，通过回归分析，即可得到该待测液的含钾量水平。

三、实验器具

高温电炉、银或镍坩埚、火焰光度计、分析天平、容量瓶。

四、试剂配制

(1)无水乙醇(分析纯)。

(2)NaOH,颗粒状。

(3)HCl(1∶1)溶液:将分析纯 HCl($\rho \approx 1.19$ g·ml^{-1})与水等体积混合。

(4)4.5 mol·L^{-1} H$_2$SO$_4$溶液:吸取 250 mL 分析纯 H$_2$SO$_4$($\rho \approx 1.61$ g·mL^{-1})缓缓倒入 700 mL 水中,持续搅拌,冷却后定容至 1 L。

(5)100 g·mL^{-1}钾标准溶液:准确称量 0.190 7 g 优级纯 KCl(110 ℃烘 2 h),加水溶解,定容至 1 L,于塑料瓶中贮存。

五、实验步骤

1. 待测液制备。称取过 0.149 mm 筛的风干土样 0.25 g 于银或镍坩埚底部,用无水乙醇稍湿润样品,然后加 2.00 g 固体 NaOH,平铺于土样之上(注意防潮防吸湿,可暂存于干燥器中)。将坩埚加盖露一小缝隙于高温电炉上加热,先低温再逐渐升温至 400 ℃即关闭电源(以避免坩埚内的样品和 NaOH 溶液溢出),盖好盖子,15 min 后盖子嵌缝继续升温至 750 ℃,在此温度保持 15 min 后关闭电源,完成熔融过程。冷却后打开坩埚,若熔块呈蓝绿色或淡蓝色,即表明熔融完全。

向冷却的坩埚中加水 10 mL,继续加热到 80 ℃左右,即熔块溶解即可,大约再煮 5 min,可将溶液移入 50 mL 容量瓶中,然后用热水和少量 H$_2$SO$_4$溶液(4.5 mol·L^{-1})清洗坩埚数次,收集清洗液放入容量瓶中,控制总体积约 40 mL,再加 1∶1 HCl 5 滴、4.5 mol·L^{-1} H$_2$SO$_4$ 5 mL,加水定容至 50 mL,过滤。至此待测液制备完毕,可用于测定全磷量和全钾量。

2. 空白溶液的制备。除不加土样外,其他步骤同待测液制备。

3. 标准工作曲线的绘制。吸取 100 g·mL^{-1}钾标准溶液 0 mL、2.5 mL、5 mL、10 mL、20 mL、30 mL,分别放入 50 mL 容量瓶中,加入 0.4 g NaOH 和 1 mL 4.5 mol·L^{-1} H$_2$SO$_4$溶液,用水定容到 50 mL。此为 0 g·mL^{-1}、5 g·mL^{-1}、10 g·mL^{-1}、20 g·mL^{-1}、40 g·mL^{-1}、60 g·mL^{-1}钾标准系列溶液。用 0 g·mL^{-1}的空白钾溶液调节火焰光度计上检流计零点,以 60 g·mL^{-1}调火焰光度计上检流计的满度(100),然后依序测定钾标准系列溶液(由低到高)。以钾浓度(g·mL^{-1})为横坐标,以检流计读数为纵坐标,绘制标准工作曲线图。

4. 测定。吸取待测液 5.00 g 或 10 mL 于 50 mL 容量瓶中(钾的浓度控制在 10~50 g·mL^{-1}),加水定容后,于火焰光度计上读取并记录检流计读数,对照步骤 3

的标准工作曲线,查找待测液钾的浓度$(g \cdot mL^{-1})$。

六、结果计算

土壤全钾量按下式计算:

$$w_K = \frac{(c - c_0) \times V \times 分取倍数}{m \times K \times 10^3}$$

式中:

w_K——全钾量,$g \cdot kg^{-1}$;

c——标准曲线上查得的待测液钾的浓度,$g \cdot mL^{-1}$;

c_0——标准曲线上查得的空白溶液钾的浓度,$g \cdot mL^{-1}$;

分取倍数——待测液吸取体积与定容体积的比值;

m——风干土样质量,g;

K——风干土换算成烘干土的吸湿水系数。

七、注意事项

1. NaOH 与待测土壤的比例为 8∶1,当增加土壤用量时,要相应增加 NaOH 的用量。

2. 熔融完全的熔块冷却后应呈蓝绿色或淡蓝色,若呈棕黑色即表示熔融不完全,必须再熔一次。

3. 加入 H_2SO_4 的量应视 NaOH 用量多少而定,H_2SO_4 的作用是中和过量的 NaOH,并使溶液呈酸性,而使硅得以沉淀下来。

4. 火焰光度计使用完毕,需要用小烧杯盛装蒸馏水,用雾化器继续喷雾 5 min,完成对喷雾通道的清洗,以保持喷雾器的良好工作状态,不用时,雾化管宜放于蒸馏水中,防止灰尘堵塞管道。

八、参考指标

土壤全钾量诊断指标参考表 2-26-1。

表 2-26-1 土壤全钾量诊断指标

土壤全钾量/$(g \cdot kg^{-1})$	<5	5~10	10~15	15~20	20~30	>30
分级	极缺	缺	较缺	中等	较丰富	丰富

九、作业题

1. 测定土壤全钾量有什么意义?

2. 土壤全钾量测定有哪几种方法?

实验二十七 土壤速效钾含量的测定

一、实验目的和说明

钾是植物生长必需的营养元素之一,土壤的供钾水平直接影响植物对钾的吸收。土壤中的钾分为水溶性钾、交换性钾、矿物层间固定钾和矿物态钾,它们均以无机形态存在。而植物能快速吸收利用的是水溶性钾和交换性钾,因此也将这两种形态的钾称为速效钾。矿物层间固定钾存在于黏土矿物边缘或层间,受干湿交替影响,干时易因矿物收缩而固定于其间,湿时矿物膨胀才有释放的可能,这部分钾也称作非交换性钾、缓效钾。次生矿物蛭石、伊利石等极容易发生钾的层间固定。速效钾和缓效钾处于动态平衡中,可用来衡量土壤供钾的水平和潜力。土壤速效钾含量的测定结果,可用于指导生产实践中钾肥的施用和分配,也用于土壤肥力的评价。

本实验要求学生掌握实验室内土壤速效钾含量测定的方法和原理,学会使用火焰光度计,并能依据实验结果对生产实际给予一定的指导。

二、实验方法和原理

本实验采用乙酸铵浸提 – 火焰光度法,即以 $1\ mol \cdot L^{-1}$ 中性乙酸铵为浸提剂,因为 NH_4^+ 与 K^+ 的半径相近,溶液中的 NH_4^+ 与土壤胶体吸附的 K^+ 交换,K^+ 进入溶液后可直接用火焰光度计进行测定。

三、实验器具

火焰光度计、容量瓶、锥形瓶、分析天平、往返式振荡器。

四、试剂配制

1. $1\ mol \cdot L^{-1}$ 中性乙酸铵溶液:称取分析纯乙酸铵 77.09 g,加水,用稀乙酸或氨水调节 pH 值为 7.0,然后定容至 1 L。

2. $100\ g \cdot mL^{-1}$ K 标准溶液。准确称取 KCl(优级纯,110 ℃烘 2 h)0.190 7 g 溶解于 $1\ mol \cdot L^{-1}$ 中性乙酸铵溶液中,定容至 1 L 并贮存在塑料瓶中。

五、实验步骤

1. 钾标准曲线的绘制。吸取 $100\ g \cdot mL^{-1}$ 钾标准溶液 0 mL、1 mL、2.5 mL、5 mL、10 mL、20 mL 分别放入 50 mL 容量瓶中,以中性乙酸铵溶液($1\ mol \cdot L^{-1}$)稀释定容,则该系列标准溶液浓度为 $0\ g \cdot mL^{-1}$、$2\ g \cdot mL^{-1}$、$5\ g \cdot mL^{-1}$、$10\ g \cdot mL^{-1}$、$20\ g \cdot mL^{-1}$、$40\ g \cdot mL^{-1}$。放至火焰光度计上检测,用 $0\ g \cdot mL^{-1}$ 的钾标准溶液调节

火焰光度计上检流计零点,以 40 g · mL^{-1} 调火焰光度计上检流计的满度(100),然后依序(由低到高)测得钾标准系列溶液的检流计读数。以钾的浓度(g · mL^{-1})为横坐标,以检流计读数为纵坐标,绘制标准工作曲线。

2. 称取 5.000 g 风干土(<1 mm,精确到 0.001 g)置于 100 mL 锥形瓶中,加入 50 mL 1 mol · L^{-1} 中性乙酸铵溶液,塞紧橡皮塞,振荡 15 ~ 30 min,立即用滤纸过滤,滤液承接于 100 mL 锥形瓶中,在火焰光度计上测定滤液与钾标准系列溶液。

六、结果计算

列出原始数据,并根据下列公式计算土壤速效钾含量。

$$w_{\mathrm{K}} = \frac{C \times V}{m \times K}$$

式中:

w_{K}——土壤速效钾含量,mg · kg^{-1};

C——从标准工作曲线上查出相对应的浓度,g · mL^{-1};

V—— 浸提剂体积,50 mL;

m ——风干土质量,g;

K ——风干土换算成烘干土的吸湿系数。

七、注意事项

1. 用乙酸铵溶液处理的土壤样品,不宜久置,会导致部分矿物态钾被置换到溶液中而使测量结果偏高。同时,久置也易滋生霉菌,污染待测液,影响测定结果。

2. 在进行结果评价时,需要注意以下问题:

(1)速效钾含量随施肥、水分、温度、作物吸收等因素的变化而变化。因此,不能将不同时期采集的土样进行速效钾含量的比较,不能说明问题。

(2)土壤速效钾含量会因土壤性质(矿物的类型、质地)的差异而有不同,不同土壤对钾的结持能力也各异,通常也难以进行比较。

(3)单凭速效钾含量判断土壤钾的有效性并不全面,还应同时考虑缓效钾。如两份土样的速效钾含量相近而缓效钾含量不同,其施用钾肥效果也不同,在缓效钾含量低时,钾肥效果通常较明显,反之,则效果不明显。

八、参考指标

土壤速效钾诊断指标参考表 2 - 27 - 1。

表 2 - 27 - 1　土壤速效钾含量丰缺的指标

土壤速钾含量/(mg·kg^{-1})	等级
< 30	极低
30 ~ 60	低
60 ~ 100	中
100 ~ 160	高
> 160	极高

九、作业题

1. 影响土壤速效钾含量的因素有哪些?
2. 采用土壤速效钾作为钾素指标时应注意哪些问题?

实验二十八　土壤有效硫的测定

一、实验目的和说明

土壤缺硫会降低植物体内蛋白质的含量,其中半胱氨酸和甲硫氨酸等含硫蛋白质的数量会明显下降。缺硫不仅会造成植物营养体中的蛋白质含量下降,而且使籽粒中蛋白质含量明显降低。此外,若禾谷类植物籽粒中缺硫,会导致半胱氨酸含量下降,会对面粉的烘烤质量产生一定影响。因此检测土壤有效硫具有重要意义。

本实验要求学生掌握实验室内土壤有效硫测定的方法和原理,了解土壤有效硫分析的生产意义。

二、实验方法和原理

采用比浊法测定溶液中硫的含量,其原理为:经提取,溶液中的硫基本上以 SO_4^{2-} 的形式存在,在酸性介质中,SO_4^{2-} 和 Ba^{2+} 作用生成溶解度很小的 $BaSO_4$ 白色沉淀。当形成的 $BaSO_4$ 白色沉淀较少时,则会以极细的颗粒悬浮在溶液中,当在溶液中通入一定波长的光时,沉淀颗粒会对光产生阻碍,会减少通过的光,光的减少量与沉淀颗粒的数量呈现正比例关系。所以,通过检测通过光的减少量,可间接算出溶液中 SO_4^{2-} 的含量。实验过程中,要保证测试样品的条件应尽可能一致,以减小误差。$BaSO_4$ 沉淀的颗粒大小与沉淀时的酸度、温度、静止时间长短及 $BaCl_2$ 的局部浓度等条件有关。

三、实验器具

振荡器、电热板或砂浴、分光光度计、磁力搅拌器、容量瓶、锥形瓶、烧杯、微量移液器等。

四、试剂配制

1. 混合酸溶液:在 500 mL 水中加入 130 mL 浓 HNO_3、400 mL 乙酸、10 g 已溶解的聚乙烯吡咯烷酮(PVP),最后加 1 000 mg·L^{-1}硫溶液 6 mL,定容至 2 L。若土壤样品中或工作曲线上硫的含量低,则标准曲线不是直线,所以为了提高硫浓度,应加入等量硫溶液加以调试。

2. 乙酸溶液:1 000 mL 容量瓶中,加入乙酸 120 mL,用纯水定容至刻度。

3. $BaCl_2$ 溶液:将 15.0 g $BaCl_2$·$2H_2O$ 溶解在 100 mL 上述乙酸溶液中。该溶液需要当天配制,所需配制的 $BaCl_2$ 溶液的体积应根据所测样品的量来计算。

4. 硫、硼混合标准溶液配制:(1)标准溶液原液配制:称取 8.154 0 g K_2SO_4(105 ℃烘 4 h)、0.572 0 g 干燥的优级纯 H_3BO_3 于 1 000 mL 容量瓶中,加水溶解后定容至刻度。该溶液中硫和硼的浓度分别为 1 500 mg·L^{-1} 和 100 mg·L^{-1}。

（2）分别在 100 mL 容量瓶中加入上述标准溶液 0 mL、0.5 mL、1.0 mL、2.0 mL，用浸提剂定容至刻度。

5.浸提剂的配制：称取 20.2 g Ca(H$_2$PO$_4$)$_2$·H$_2$O，放入 1 000 mL 烧杯中，加约 800 mL 水，再加入 10 mL 浓 HCl 使之溶解，再加入 0.5 g 已溶的 Superfloc127（一种超级絮凝剂，可用聚丙烯酰胺代替），然后再加入 10 mL 0.014 1 mol·L^{-1} AgNO$_3$，以防微生物生长。最后定容至 10 L。

0.014 1 mol·L^{-1} AgNO$_3$：0.239 5 g AgNO$_3$ 溶于 100 mL 水中。

五、实验步骤

浸提过程：

量取土样 5 g，放入样品杯中，然后加入 25 mL 浸提剂，在振荡器上振荡 10 min 后过滤，取滤液，用于测定土壤有效硼和有效硫含量。

取滤液 7 mL，加 BaCl$_2$ 溶液 4 mL 和混合酸溶液 9 mL，混匀。放置 10 min 后，在分光光度计上以 535 nm 的波长比浊，读取吸光度，在 30 min 内比浊完毕，同时做标准工作曲线。

六、结果计算

$$\omega_S = A \times K \times 25/V$$

式中：

ω_S——土壤中硫的含量，单位为 mg·L^{-1}；

A——吸光度；

K——转换系数，当标准系列溶液不过原点时，应加上截距加以校正；

25——浸提剂的体积，mL；

V——土壤样品的体积(mL)，这里为 5 mL。

七、注意事项

1.为了更好地产生沉淀，测硫时的溶液温度均不应低于 23 ℃。

2.为了提高测定的可靠性，可在标准系列溶液和样品溶液中都添加等量、微量的硫溶液，即可调整标准工作曲线在浓度低的一端不为直线的现象。

八、作业题

1.土壤中的有效硫包括哪些形态的硫？单质硫属于有效硫吗？

2.土壤中的硫对作物生产有哪些功效？

实验二十九　土壤有效硼的测定

一、实验目的和说明

硼是植物正常生长发育不可缺少的微量元素,能促进植物生长和生殖器官的正常发育,有利于开花结实,促进作物早熟,提高产量和品质。土壤中缺硼,植物根尖分生组织细胞的分化和伸长会受到抑制,并形成"壳无仁""花而不实"等现象。供硼过多会使作物形成严重的硼中毒。因此,测定土壤有效硼含量,合理供给硼元素是提高作物品质和产量的关键措施之一。

本实验要求学生掌握实验室内土壤有效硼测定的方法和原理,了解土壤有效硼测定的生产意义。

二、实验方法和原理

沸水浸提土样约 5 min,浸出液中的硼采用姜黄素比色法进行测定。姜黄素是从姜中提取的黄色色素,以稀醇型和酮型存在,不溶于水,但能溶于乙酸、酒精、丙酮和甲醇中而呈黄色,在酸性介质中与硼结合成玫瑰红色的玫瑰花青苷。玫瑰花青苷是一个硼原子和两个姜黄素分子络合而成的,检出硼的灵敏度最大吸收峰在 550 nm 处。在比色测定硼的过程中,应严格控制显色条件,确保玫瑰花青苷的形成。玫瑰花青苷溶液符合朗伯 – 比尔定律(Lambert – Beer law)的硼的浓度范围是 $0.001\,4 \sim 0.060\,0$ mg · L^{-1}。溶于乙醇后,在室温下 $1 \sim 2$ h 内稳定。

三、实验器具

石英(或其他无硼玻璃),锥形瓶(250 mL 或 300 mL)和容量瓶(100 mL,1 000 mL),回流装置,离心机,瓷蒸发皿(直径 7.5 cm),电热恒温水浴锅,分光光度计,电子天平。

四、试剂配制

1. 95% 乙醇(分析纯)。

2. 无水乙醇(分析纯)。

3. 姜黄素 – 草酸溶液:称取 2.5 g 草酸和 0.02 g 姜黄素,溶于无水乙醇(分析纯)中,加入 2.1 mL 6 mol · L^{-1} HCl,移入 50 mL 石英容量瓶中,用乙醇定容,贮存在阴凉的地方。姜黄素容易分解,最好现用现配。如放在冰箱中,可保存 $3 \sim 4$ d。

4. 硼标准系列溶液:称取 0.571 6 g H_3BO_3(分析纯)溶于水,定容至 1 000 mL 于石英容量瓶中,即为 100 mg · L^{-1} 硼的标准溶液,将此标准溶液再稀释 10 倍,即成为 10 mg · L^{-1} 硼的标准贮备溶液。吸取 10 mg · L^{-1} 硼溶液 1.0 mL、2.0 mL、3.0 mL、

4.0 mL、5.0 mL,用水定容至 50 mL,成为 0.2 mg·L^{-1}、0.4 mg·L^{-1}、0.6 mg·L^{-1}、0.8 mg·L^{-1}、1.0 mg·L^{-1}硼标准系列溶液,贮存于塑料试剂瓶内。

5.1 mol·L^{-1}CaCl$_2$溶液:称取 7.4 g CaCl$_2$·2H$_2$O(分析纯)溶于 100 mL 水中。

五、实验步骤

1.待测液制备:将风干土通过 1 mm 尼龙筛,称取 10.00 g 于 250 mL 的石英锥形瓶中,加 20.0 mL 无硼水。连接回流冷凝器,煮沸 5 min,立即停火,但要保持冷却水继续流动。稍冷后取下石英锥形瓶。放置片刻使之冷却后倒入离心管中,加入 2 滴 1 mol·L^{-1}CaCl$_2$溶液,目的是加速澄清(但不要多加),离心分离出上清液于塑料杯中。

2.测定:吸取 1.00 mL 上清液于瓷蒸发皿中,然后加入 4.00 ml 姜黄素溶液。在 52~58℃的水浴锅中蒸发至干,且要在水浴锅中继续烘干 15 min,以除去残存的水分。若在蒸发与烘干的过程中显现红色,则加入 20.0 ml 95%乙醇溶解,并用干滤纸过滤到 1 cm 光径比色槽中,在 550 nm 波长处比色,用乙醇调节比色计的零点。若吸收值过大,则表明硼溶液浓度过高,可以改用 580 nm 或 600 nm 的波长重新比色或者加 95%乙醇稀释后在 550 nm 波长处比色。

3.标准工作曲线的绘制:分别吸取 0.2 mg·L^{-1}、0.4 mg·L^{-1}、0.6 mg·L^{-1}、0.8 mg·L^{-1}、1.0 mg·L^{-1}硼标准系列溶液各 1.00 mL 于瓷蒸发皿中,然后加入 4.00 mL 姜黄素溶液,按上述步骤显色和比色。以硼标准系列溶液的浓度与对应吸光度绘制标准工作曲线。

六、结果计算

$$有效硼含量(mg·kg^{-1}) = c × 液土比$$

式中:

c——由标准工作曲线查得硼的浓度;

液土比——浸提时,浸提剂体积(mL)/土壤质量。

七、注意事项

1.高锰酸钾溶液要现用现配。硫酸溶液、硼标准系列溶液和高锰酸钾溶液应贮存于塑料瓶中。

2.每十个土样做一个平行测定,平行测定结果以算数平均值表示,保留两位小数,允许绝对误差。

八、作业题

1.请说明姜黄素比色法测定土壤有效硼的基本原理。

2.根据你的实验操作,本实验有哪些注意事项?

实验三十　土壤中锌、铁、锰、铜的测定

一、实验目的和说明

采用原子吸收分光光度法测定土壤中锌、铁、锰、铜的含量,方法准确、迅速,实验样品经过一次处理,即可使用统一工作曲线图,测定锌、铁、锰、铜四个元素的含量。

二、实验方法和原理

原子吸收分光光度法测定锌、铁、锰、铜的灵敏度很高,在使用空气－乙炔火焰时,测定每种元素的共振线均无干扰现象。消化液或浸出液可直接上机测定。用 pH = 7.3 的 DTPA－TEA－$CaCl_2$ 缓冲液作为浸提剂,螯合浸提出土壤中的有效锌、铁、锰、铜,用原子吸收分光光度法测定它们的含量。其中三乙醇胺为缓冲剂,能保持溶液 pH 值在 7.3 左右,也能抑制碳酸钙的溶解作用。氯化钙能防止石灰性土壤中游离碳酸钙的溶解,避免因碳酸钙所包裹的锌、铁等元素的释放而产生影响。DTPA(二乙烯三胺五乙酸)为浸提剂。本方法适用于 pH ＞6 的土壤有效态锌、铁、锰、铜的测定。

三、实验器具

恒温振荡机,高温电炉,原子吸收分光光度计,空气－乙炔火焰原子化器。

四、试剂配制

1. HCl、HF、HNO_3 为优级纯试剂。

2. 将 $HClO_4$(优级纯)稀释为 60%。

3. DTPA:1.967 g DTPA 溶于 14.920 g 三乙醇胺和少量水中;再将 1.470 g $CaCl_2 \cdot 2H_2O$ 溶于水后,一同转入 1 000 mL 容量瓶中,加水至约 950 mL,用 6 mol · L^{-1} HCl 调节 pH 值至 7.3,最后加水至刻度。

4. 铜标准贮备液(100 mg · L^{-1}):称取 0.100 g 纯金属铜,用 20 mL 1∶1 HNO_3 溶解,移入 1 000 mL 容量瓶中,最后加水定容至刻度。

5. 锌标准贮备液(500 mg · L^{-1}):称取 0.500 g 纯金属锌,用 20 mL 1∶1 HCl 溶解,移入 1 000 mL 容量瓶中,最后加水定容至刻度。

6. 锰标准贮备液(1 000 mg · L^{-1}):称取 1.000 g 纯金属锰,用 20 mL 1∶1 HNO_3 溶解,移入 1 000 mL 容量瓶中,最后加水定容至刻度。

7. 铁标准贮备液(1 000 mg · L^{-1}):称取 1.000 g 纯金属铁,用 20 mL 1∶1 HCl 溶解,可加热助溶,然后移入 1 000 mL 容量瓶中,最后加水定容至刻度。

五、实验步骤

1. 土壤全量锌、铁、锰、铜的测定

土样通过 0.25 mm 土筛后，称取 1.000 g，放入铂坩埚内，加入 17 mL 浓 HNO_3 和 5 mL 60% $HClO_4$，在电炉上小火加热，当溶液剩下约 5 mL 时取出冷却。冷却后加 5 mL HF，继续消煮直至蒸发到干，再加 3 mL HF 消煮至冒微量白烟为止。若消化不完全，可再加 HF 消煮。若消化完全后，用 1∶2 HCl 溶解，然后用热水洗入至 100 mL 容量瓶中并定容，然后过滤。用原子吸收分光光度计分别测定锌、铁、锰、铜的含量，并记录相关数据。

2. 土壤有效锌、铁、锰、铜测定

土样通过 0.5 mm 土筛后，称取 5.000 g 于 125 mL 锥形瓶中，加入 25 mL 0.05 mol·L^{-1} DTPA 溶液，振荡，1 h 后过滤于锥形瓶中，用原子吸收分光光度计分别测定锌、铁、锰、铜的含量，并记录相关数据。

同时把标准贮备液进行稀释，制备所要求的标准系列溶液，如表 2-30-1 所示，然后分别测定并绘制统一工作曲线图。

统一工作曲线图的绘制：按下表分别吸取锌、铁、锰、铜标准系列溶液一定体积于 100 mL 容量瓶中，用 DTPA 定容，即可得到锌、铁、锰、铜混合标准系列溶液。测定前，参照仪器使用说明书，并根据待测元素性质，调整仪器至最佳工作状态。校正仪器零点用 DTPA 溶液，采用空气 - 乙炔火焰，在原子吸收分光光度计上测定，并分别绘制锌、铁、锰、铜统一工作曲线图。

与统一工作曲线图绘制步骤相同，依次测定试样溶液和空白试剂中的锌、铁、锰、铜的浓度。

表 2-30-1　配制锌、铁、锰、铜标准系列溶液

容量瓶编号	铜		锌		铁		锰	
	加入标准溶液的体积/mL	相应浓度/($\mu g \cdot mL^{-1}$)	加入标准溶液的体积/mL	相应浓度/($\mu g \cdot mL^{-1}$)	加入标准溶液的体积/mL	相应浓度/($\mu g \cdot mL^{-1}$)	加入标准溶液的体积/mL	相应浓度/($\mu g \cdot mL^{-1}$)
1	0.00	0.00	0.00	0.00	0.00	0.00	0.00	0.00
2	0.50	0.50	0.50	0.50	1.00	1.00	1.00	1.00
3	1.00	1.00	1.00	1.00	2.00	2.00	2.00	2.00
4	2.00	2.00	2.00	2.00	4.00	4.00	4.00	4.00
5	3.00	3.00	3.00	3.00	6.00	6.00	6.00	6.00
6	4.00	4.00	4.00	4.00	8.00	8.00	8.00	8.00
7	5.00	5.00	5.00	5.00	10.00	10.00	10.00	10.00

六、结果计算

有效铜含量$(锌、铁、锰,mg \cdot kg^{-1}) = c \times V \times D \times 1\ 000/(m \times 10^3)$

式中:

c——求回归方程或查标准曲线而得到测定溶液中锌、铁、锰、铜的质量浓度, $\mu g \cdot mL^{-1}$;

V——浸提剂体积,mL;

D——浸提剂稀释倍数,若不稀释则 $D = 1$;

10^3 和 1 000——分别为将 μg 换算成 mg 和将 g 换算为 kg;

m——试样质量,g。

测定结果为平行测定结果的算术平均值。

有效铜、锌含量的计算结果保留到小数点后两位,有效铁、锰含量的结果保留到小数点后一位。测定允许差值如表 2 – 30 – 2 所示。

表 2 – 30 – 2   土壤有效锌、铁、锰、铜的测定允许差值

有效铜(以铜计)或有效锌 (以锌计)的质量分数	平行测定间允许差值	不同实验室间测定允许差值
$<1.50\ mg \cdot kg^{-1}$ $\geqslant 1.50\ mg \cdot kg^{-1}$	绝对差值$\leqslant 0.15\ mg \cdot kg^{-1}$ 相对相差$\leqslant 10\%$	绝对差值$\leqslant 0.30\ mg \cdot kg^{-1}$ 相对相差$\leqslant 30\%$
有效铁(以铁计)或有效锰 (以锰计)的质量分数	平行测定间允许差值	不同实验室间测定允许差值
$<15.00\ mg \cdot kg^{-1}$ $\geqslant 15.00\ mg \cdot kg^{-1}$	绝对差值$\leqslant 1.50\ mg \cdot kg^{-1}$ 相对差值$\leqslant 10\%$	绝对差值$\leqslant 3.00\ mg \cdot kg^{-1}$ 相对相差$\leqslant 30\%$

七、注意事项

1. DTPA 提取是一个非平衡体系提取,因而提取条件必须标准化,包括提取液的酸度、提取温度、土样的粉碎程度、振荡强度、振荡时间等。DTPA 提取液的 pH 值应严格控制在 7.3,在调节溶液 pH 值时用酸度计校准可控制提取液的酸度。

2. 实验过程中若需稀释,为保持基体一致,则应用 DTPA 浸提剂进行稀释,但在计算时需要乘以稀释倍数。

3. 若测定需要的试液量较大,则可称取 15.000 g 或 20.000 g 试样,但应保持土液比为 1:2,同时为确保试样的充分振荡,浸提使用的容器应足够大。

4. 实验所用玻璃器皿均应预先在 10% HNO_3 溶液中浸泡,过夜,洗净后备用。

八、作业题

1. 测定土壤中微量元素的含量有何意义?

2. 试分析造成本实验误差的原因有哪些方面。

实验三十一　土壤中镉的测定

一、实验目的和说明

1. 了解原子吸收分光光度法原理并掌握测定镉的技术。
2. 会计算土壤中镉的含量。

二、实验方法和原理

用 HNO_3–HCl 混酸体系消化土样后,将消化液直接喷入空气–乙炔火焰。光源发射的特征电磁辐射被火焰中形成的镉的基态原子蒸气所吸收。测得试液吸光度扣除全程序空白吸光度,从标准曲线中可查得镉含量,从而计算土壤中镉含量。

三、实验器具

1. 空气–乙炔火焰原子化器,镉空心阴极灯,原子吸收分光光度计。
2. 仪器工作条件:狭缝宽度为 1.00 mm,C_2H_2:空气 $=1.8:8$(单位为 $L \cdot min^{-1}$),空气–乙炔火焰原子化器高度为 7 mm。

四、试剂配制

1. HCl:分析纯。
2. HNO_3:分析纯。
3. 镉标准贮备液:1.0 $mg \cdot mL^{-1}$。
4. 镉标准使用液:5 $\mu g \cdot mL^{-1}$。

五、实验步骤

1. 土样试液的制备:称取 $1.000\,0$ g 土样于 100 mL 烧杯中,加少许水润湿,然后加入 10 mL HNO_3 和 5 mL HCl,盖上表面皿,在电热板上加热消解,至溶解物剩余 $2\sim5$ mL 时取下冷却,用少许水冲洗表面皿,然后移入 50 mL 容量瓶中,定容至刻度。然后干过滤,滤液量达 $5\sim10$ mL 后进行测定。同时进行全程序试剂空白实验。

2. 标准曲线的绘制:吸取镉标准使用液 0 mL、0.50 mL、1.00 mL、2.00 mL、3.00 mL、4.00 mL 于 6 个 50 mL 容量瓶中,用 0.2% HNO_3 溶液定容,摇匀。此镉标准系列溶液的浓度分别为 0 $\mu g \cdot mL^{-1}$、0.05 $\mu g \cdot mL^{-1}$、0.10 $\mu g \cdot mL^{-1}$、0.20 $\mu g \cdot mL^{-1}$、0.30 $\mu g \cdot mL^{-1}$、0.40 $\mu g \cdot mL^{-1}$;铅的浓度为 0 $\mu g \cdot mL^{-1}$、0.8 $\mu g \cdot mL^{-1}$、1.6 $\mu g \cdot mL^{-1}$、2.4 $\mu g \cdot mL^{-1}$、3.2 $\mu g \cdot mL^{-1}$、4.0 $\mu g \cdot mL^{-1}$。测其吸光度,绘制标准曲线。

六、结果计算

标准曲线法:测定试样溶液的吸光度(按绘制标准曲线条件),扣除全程序空白吸光度,即可从标准曲线上查得镉含量。

$$镉含量(mg \cdot kg^{-1}) = 从标准曲线上查得镉含量(\mu g) / 称量土样干重(g)$$

七、注意事项

1.用原子吸收分光光度法测定镉含量时,介质酸度对测定结果影响很大,酸度过低或过高,测试灵敏度会急剧下降,因此要求前处理时酸必须除尽。

2.在镉测定中,铅和铜容易引起干扰,铅的干扰可通过共沉淀的方法来消除(即在待测样品中加入0.4%氯化钡和0.4%硫酸钾,待沉淀完全且溶液静置澄清后测试)。铜的干扰可以通过在还原剂体系中加入氰化物的方法来消除(如加入0.2%氰化钠)。

八、作业题

1.土壤样品中的SiO_2可采用何种方法处理,其原理是什么?

2.干过滤与普通过滤方式有何区别,干过滤时应该注意些什么?

3.何为全程序试剂空白实验?在什么情况下要进行这种实验?

实验三十二　土壤农残检测

一、实验目的和说明

1. 了解土样中有机氯农药的提取方法。

2. 掌握气相色谱法的定量、定性方法。

3. 通过实验，初步了解气相色谱仪的结构及操作技术。

二、实验原理和方法

六六六有七种顺反异构体（α、β、γ、δ、ε、η 和 θ）。其中，前四种异构体具有水溶性低、脂溶性高、在有机溶剂中分配系数大的特点，而且它们的理化性质稳定，不易分解。所以本实验采用有机溶剂提取法，用浓硫酸纯化以减少或消除对分析结果的干扰，然后用电子捕获检测器检测。用峰高外标法定量检测，用标准化合物的保留时间定性检测。

三、实验器具

气相色谱仪（附有电子捕获检测器），水分快速测定仪，250 mL 脂肪提取器，微量注射器。

脱脂棉：用石油醚回流 4 h 后，干燥备用。

滤纸筒：选取大小适当的滤纸，用石油醚回流 4 h，干燥后做成筒状。

四、试剂配制

1. 石油醚（重蒸馏，沸程为 60~90 ℃，保证色谱进样无干扰峰）。

2. 丙酮（重蒸馏，保证色谱进样无干扰峰）。

3. 无水硫酸钠。300 ℃ 烘干 4 h 后，干燥备用。

4. 2% 无水硫酸钠。

5. 过 30~80 目硅藻土。

6. α-六六六、β-六六六、γ-六六六、δ-六六六标准溶液。将四种色谱纯六六六分别用石油醚配制成浓度为 200 mg·L^{-1} 的储备液（配制 β-六六六标准溶液时，先用少量苯溶液配制），再将石油醚配制成浓度适当的标准溶液。

五、实验步骤

1. 土样的提取

土样风干并过 60 目筛，先称取 10.00 g 用于测定水分含量。再称取 20.00 g 置于小烧杯中,加入 4 g 硅藻土、2 mL 水,充分混合后,全部移入滤纸筒内,并在上部盖一张滤纸,迅速移入脂肪提取器中。加入石油醚 – 丙酮混合液(1∶1)80 mL 浸泡,12 h 后加热回流,提取 4 h。

回流结束后,脂肪提取器上部应有积聚的溶剂。

待冷却后,将提取液移入 500 mL 的分液漏斗中,用脂肪提取器上部的溶液分三次冲洗提取器烧杯,将冲洗液并入分液漏斗中。然后在分液漏斗中加入 2% 硫酸钠水溶液 300 mL,振摇 2 min。静止分层后,保留上层石油醚提取液供纯化用,弃去下层丙酮水溶液。

2. 纯化

加入浓硫酸 6 mL 于盛有石油醚提取液的分液漏斗中,轻轻振摇,并不断放出分液漏斗中因受热释放的气体,防止因压力太大而引起爆炸。然后剧烈振摇 1 min,静止分层后弃去下部硫酸层。纯化次数一般为 1~3 次(视提取液中杂质多少而定),然后加入 2% 硫酸钠水溶液 100 mL,小心振摇,以便洗去石油醚中残存的硫酸。静止分层后,弃去下部水相。上层石油醚提取液用漏斗进行脱水,漏斗事先铺有 1 cm 厚的无水硫酸钠层,漏斗下部用脱脂棉支撑无水硫酸钠。脱水完全后,将石油醚收集于 50 mL 容量瓶中,再用少量石油醚洗涤无水硫酸钠层(2~3 次),洗涤液也一并收集于上述容量瓶中。最后,用石油醚稀释至定容刻度,用于色谱检测。

3. 气相色谱测定

(1)分析条件

检测器:电子捕获检测器。

色谱柱:DB – 5 毛细管柱,长 30 cm。

柱箱温度:初始温度为 60 ℃,以 20 ℃·min⁻¹升温至 180 ℃,再以 10 ℃·min⁻¹升温速率升至 240 ℃。

汽化室温度:250 ℃。

检测器温度:300 ℃。

载气:氮气。

(2)色谱分析

首先用微量注射器从进口定量注入各六六六标准溶液,各 2 次。记录进样量、保留时间及峰高或面积,计算时用平均值。样品分析方法同标准溶液。

六、结果计算

1. 记录色谱的操作条件及标准溶液检测结果。

2. 记录土样测定结果,并按下列公式计算六六六各异构体的量。

$$c_{样} = \frac{H_{样} \times c_{标} \times V_{标}}{H_{标} \times V_{样} \times R \times K}$$

式中:

$c_样$——样品中六六六的含量,$\mu g \cdot kg^{-1}$;

$H_样$——样品中相应峰的高度,mm;

$H_标$——标准溶液峰高,mm;

$c_标$——标准溶液浓度,$\mu g \cdot L^{-1}$;

$V_标$——标准溶液进样量,$5\mu L$;

$V_样$——样品进样量,$5\mu L$;

K——样品提取液的体积相当于样品的质量,$kg \cdot L^{-1}$,本法中$K = \dfrac{20.00 \times (1-m)}{50}$;

R——相应化合物的添加回收率;

m——土壤中水分的质量百分数;

七、注意事项

1.进样动作要迅速,进样量要准确。每次进样后,微量注射器一定要用石油醚洗净,最好用氮气流冲干净,避免样品互相污染,影响测定结果。

2.若纯化时出现乳化现象,根据实际情况可采用反复滴液、过滤或离心的方法解决。

3.若土样中六六六异构体浓度较低,则纯化的石油醚提取液可用 K－D 浓缩器浓缩至相应体积。

4.若要测定相应化合物的添加回收率,可将该化合物标准溶液(相应浓度)添加到土样中进行测定。

八、作业题

1.土壤农残包括哪些物质?

2.土壤农残对农业和人们的生活会产生哪些危害?

3.如何控制或减少农残?

第三篇

土壤学教学实习

第一节　实习方案

一、教学实习目的和要求

土壤学教学实习是土壤学实践教学的重要组成部分,是土壤学理论教学的重要补充。它的主要目的是促进理论与实践相结合,不仅巩固学生的土壤学理论知识,还要强化学生的野外调查研究的基本技能和实践能力,培养学生善于发现、善于分析、善于总结的能力。让学生在了解各种类型土壤的理化性质和肥力特点的同时,掌握各种土壤的培肥和改良技术。在实践过程中,还要注意培养学生的环保意识,激发学生对专业学习的热情。

二、实习内容

1. 矿物、岩石类型鉴别:通过鉴别矿物、岩石类型,认识主要岩石种类,分析和描述其成土特征。

2. 黑土的成土条件、发生特点观察:通过黑土剖面性状的观察,描述其诊断层特征,进而了解其成土过程。对于耕作土壤,通过野外简单评测,提出用土改土的方法。掌握土壤剖面挖掘和观测方法,学会野外土壤质地的手测法,掌握土壤 pH 野外测定方法。

3. 土壤垂直地带性调查:通过帽儿山地区山地自然剖面的性状观察,了解土壤分布的垂直地带性特征。

三、实习准备

1. 地点及实习条件准备

实习指导教师要提前到实习地点,熟悉土壤条件及自然环境状况,设计实习路线,初步拟定专项调查题目。

根据实习地点和实习时间的要求,提前做好实习期间交通和食宿安排,以保障实习的顺利进行。

2. 物品准备

根据实习内容,准备必要的工具和设备,做好携带及保管分工,明确使用要求。

根据实习时间的要求,安排携带个人日常生活用品,供学生参考。

3. 学生准备

实习前做好学生的实习动员。主要包括以下几个方面的内容:

(1)安全教育。需要学生明确实习期间必须遵守的各项纪律要求,并签署《野外实习安全承诺书》。

（2）实习内容介绍。在野外实习前,要将实习地点的自然概况和主要实习内容向学生做以介绍,方便学生提前做好实习预习、上网查资料等工作。布置好拟开展的专项调查研究题目和时间安排,以及学生们需要完成的具体任务,要求学生做好学习文件、参考书和资料的准备;做好实习日记和实习报告的具体要求。

（3）安排实习用具的发放与领取。做好实习用具携带的分工,说明实习用具使用的注意事项,对于大件和贵重物品,要指派专人负责,尽量杜绝遗失和损坏。

（4）学生分组。做好小组分工,指派组长。做好任务分工。

四、时间安排

实习宜在 5 月至 7 月进行,矿物、岩石类型鉴别实习宜 0.5 ~ 1 d,土壤剖面调查宜 0.5 ~ 1 d,土壤垂直地带性调查宜 1 d。

五、实习考核

实习考核的目的是加强对学生实习成果的检验,使学生端正学习态度,培养学生的工作能力。设计符合每项实习环节的考察题目,检验学生实习过程中对知识的掌握程度,督促其专业能力的自我提高。

考核内容由三部分组成：

（1）实习出勤及纪律(30%)。

（2）实习考试(30%)。

（3）实习报告(40%)。

六、实习报告

实习报告参考格式。

土壤学野外实习报告 学生姓名： 学号： 专业： 年级： 带队教师：＿＿＿	实习时间		实习地点	
	实习内容			
	心得体会			
	成绩		指导教师评语	

第二节　实习项目

项目一　矿物和岩石的观察鉴定

成土母质是地壳表层的岩石风化的产物,土壤又是由成土母质发育而成的。岩石的矿物组成、矿物的化学组成、矿物的物理性质,都影响着所发育的土壤的理化性质和肥力水平,因此,了解土壤,需要了解成土母质,需要从了解岩石矿物开始。

本项实习内容就是对成土岩石和造岩矿物进行野外观察和鉴定。

一、主要造岩矿物的认识

(一)形态

矿物形态包括矿物单体和集合体,表面呈现一定的几何外形,有如下常见的形态:

柱状——矿物晶体沿一个方向发育,晶体细长,平行排列,如角闪石。

板状——沿垂直压应力方向上平行排列,形状似板,如透明石膏、斜长石。

片状——可以剥离成极薄的片体,如云母。

粒状——晶体长、宽、高方向上差异不大,晶粒呈一定规律排列,如橄榄石、黄铁矿。

块状——晶体呈不规则块状,结晶或非结晶,如结晶的石英,非结晶的蛋白石。

土状——细小均匀的粉末状集合体,如高岭石。

纤维状——晶体呈细柱状,单维长度远大于另两维,平行排列,如石棉。

鲕状——小粒状,似鱼卵而得名,如赤铁矿。

豆状——小粒状集合体,圆形或椭圆形,如豆大小,如赤铁矿。

(二)颜色

矿物的颜色是其主要特征之一,其颜色的表现是光的反射现象,若矿物呈现黄色,即矿物吸收黄色以外的色光,只将黄色向外反射所形成的。根据矿物物质组成的不同,吸收色光也不相同,通常会有三种情况的发光表现:

1.矿物自身的化学组成,可使内在的颜色表现出来,如白色的石英。

2.矿物含有杂质而呈现出杂质的颜色,如无色透明的石英(水晶)因锰的混入而呈紫色。

3.矿物解理、裂缝和表面氧化膜所产生的颜色。

(三)条痕

矿物在无釉瓷板上擦划所留下的痕迹颜色,是矿物粉末的颜色。条痕对有色矿物有鉴定意义。

（四）光泽

光泽是矿物表面反射的亮光。按其表现可分为：

金属光泽——黄铁矿。

半金属光泽——赤铁矿。

非金属光泽——玻璃光泽，如石英晶面。

油脂光泽——石英断口面。

丝绢光泽——石棉。

珍珠光泽——白云母。

土状光泽——高岭石。

（五）硬度

矿物抵抗摩擦或刻画的能力。常用两种矿物相对刻画的方法来比较相对硬度，或用矿物与摩氏硬度计相比较得出相对硬度。从滑石到金刚石依次定为十个等级，其排列次序见表 3 - 1 - 1。

表 3 - 1 - 1　代表矿物摩氏硬度等级

矿物种类	滑石	石膏	方解石	萤石	磷灰石	正长石	石英	黄玉	刚玉	金刚石
硬度等级	1	2	3	4	5	6	7	8	9	10

在野外可用指甲（硬度等级 2 ~ 2.5）、回形针（硬度等级 3）、玻璃（硬度等级 5）、刀具（硬度等级 5 ~ 5.5）、钢锉刀（硬度等级 6 ~ 7）代替摩氏硬度计。

（六）解理

矿物受力后会沿一定方向裂开，而产生光滑的平面，称为解理，光滑的平面称为解理面。解理可以作为区别不同矿物的判断方法之一。有的矿物开裂容易、有的矿物开裂较难；有的矿物解理面较薄，有的矿物解理面较厚；有的矿物平整光滑，有的矿物粗糙不规则……一般可分以下几种类型：

1. 易裂开，裂开形状为薄片状，解理面极平滑，如云母。

2. 沿解理面可裂成小块，难见断口，外形保持原晶形，如方解石。

3. 可见解理面和断口，如长石、角闪石。

4. 难见解理面，大部分可见断口，如磷灰石。

5. 难以裂开，不见解理面，也不见断口，如石英。

还需要注意的是，同一矿物上可以有多个方向的解理，解理程度也可以不一样。例如：云母具有一向极完全解理；长石、辉石具有二向完全解理；方解石具有三向完全解理；等等。

（七）断口

矿物断裂后产生的不规则断面，称为断口。断口可作为鉴定矿物的辅助依据。一般非结晶矿物或解理欠佳的结晶矿物易产生断口，其形状有：平坦状（如磁铁矿）、参差状(如自然铜)、贝壳状(如石英的断口)等。

同一矿物解理越好,越不易见到断口;解理欠佳,越易见断口。

(八)盐酸反应

碳酸盐矿物,遇酸会发生反应,放出气泡,以盐酸为例,其反应式为:

$$CaCO_3 + 2HCl \longrightarrow CaCl_2 + CO_2 \uparrow + H_2O$$

在野外常常用10%的盐酸滴在岩石矿物上,视其放出气泡的多少来判断其含碳酸盐矿物的情况,常做如下分级:

1.缓慢放出气泡,量少,则碳酸盐矿物含量较少;

2.明显有气泡放出,速度不疾不徐,则碳酸盐矿物含量中等;

3.有强烈起泡现象,起泡速度较快,则碳酸盐矿物含量较高;

4.剧烈起泡,似水沸腾样,起泡速度极快,则碳酸盐矿物含量极高。

(九)矿物识别

矿物识别参考表3-1-2所列项目。

表3-1-2　各种矿物的性质和风化特点

名称	特征									
	颜色	形状	光泽	条痕	硬度等级	解理	断口	盐酸反应	其他	风化特点与分解产物
石英	无、白	六方柱、锥状或块状	玻璃油脂	—	7	无	贝壳状	—	晶面上有条纹	不易风化、难分解,是土壤中砂粒的主要来源
正长石	肉红为主	板状、柱状	玻璃	—	6	二向完全	—	—		风化后产生黏粒、二氧化硅和盐基物质;正长石风化后的产物是土壤中钾素来源之一
斜长石	灰白为主	板状	—	—	6~6.5				解理面上可见双晶条纹	

续表

名称	特征								
	颜色	形状	光泽	条痕	硬度等级	解理	断口	盐酸反应	其他	风化特点与分解产物
白云母	无	片状、板状	玻璃珍珠	白	2~3	一向极完全	—	—	有弹性	风化后是土壤中钾素和黏粒的重要来源之一;白云母抗风化分解能力比黑云母强
黑云母	黑褐	—	—	浅绿						
角闪石	暗绿、灰黑	长柱状	玻璃	—	5.5~6	二向完全	参差状	—	—	含铁、硅、钙、镁等元素,易风化,产生黏粒及含水氧化铁、含水氧化硅
辉石	深绿、褐黑	短柱状	—		5~6					
橄榄石	橄榄绿	粒状	玻璃油脂	—	6.5~7	不完全	贝壳状	—	—	易风化成褐铁矿、二氧化硅以及蛇纹石等次生矿物
方解石	白、灰黄等	菱面体或块状	玻璃	—	3	三向完全	—	强	—	风化后释放出钙、镁元素,是土壤中碳酸盐和钙、镁的重要来源,白云石比方解石稳定
白云石		—	—		3.5~4			弱		
磷灰石	绿、黑、黄灰、褐	六方柱或块状	玻璃油脂	—	5	不完全	参差状、贝壳状	—	—	风化开采后,可作为磷肥的基础资源

续表

名称	特征								
	颜色	形状	光泽	条痕	硬度等级	解理	断口	盐酸反应	其他	风化特点与分解产物
石膏	无、白	板状、针状、柱状	玻璃、珍珠、绢丝	—	2	完全	—	—	—	溶解后是土壤中硫的主要来源
赤铁矿	暗红至铁黑	块状、鲕状、豆状	半金属、土状	樱红	5.5~6	—	—	—	—	分布广,在热带土壤中常见,易氧化
褐铁矿	黑、褐、黄	块状、土状、结核状	土状	棕黄	4~5	—	—	—	—	与赤铁矿分布相同
磁铁矿	铁黑	八面体、粒状、块状	金属	黑	5.5~6	无	—	—	磁性	难风化,一定条件下也可氧化成褐铁矿、赤铁矿
黄铁矿	铜黄	立方体、块状	金属	黑绿	6~6.5	无	—	—	晶面上有条纹	分解后是土壤中硫的主要来源
高岭石	白、灰、浅黄	土块状	土状	白、黄	—	无	—	—	有油腻感	颗粒细小是土壤黏粒矿物之一,是由长石、云母风化而成的次生矿物

二、主要成土岩石的观察

按岩石的成因,可将岩石分为三类:由岩浆冷凝而成的岩浆岩,由沉积物硬结而成的沉积岩,由原生岩变质而成的变质岩。由于成因的不同,岩石的组成、构造和结构都有很大差异,不同专业对岩石分析的角度和方法也不同,野外土壤学实习一般通过肉眼鉴别,主要是观察岩石的颜色、结构、构造、矿物组成等。

(一)颜色

一般通过鉴别岩石的颜色,可有助于了解矿物的组成,如深灰色或黑色的岩石通常含有深色矿物。

（二）矿物组成

研究矿物组成，通常可以了解成岩环境的变化，一般沉积岩的矿物组成有长石、石英、白云石、方解石，还含有黏土矿物、有机质等；岩浆岩的主要矿物组成除长石、石英、云母、辉石外，还含有角闪石、橄榄石等；变质岩的矿物组成有石英、长石、云母、角闪石、辉石及一些变质矿物（如石榴石、绿泥石、滑石、蛇纹石、绢云母）等。

（三）结构

岩石的结构是岩石的特征之一，是指岩石的颗粒大小、形状及结晶程度。

1. 岩浆岩的结构

按照岩石矿物的结晶颗粒大小、形状以及相互组合的关系，其有以下几种结构：

岩石矿物晶粒肉眼或放大镜可见，一般晶粒大小相差不大，称为全晶等粒结构，如花岗岩。

岩石矿物均为晶质，只是晶粒很小，肉眼或放大镜分辨不出矿物颗粒，称为隐晶质结构。火山熔岩常具这种结构。

岩石矿物颗粒大小截然不同，大的称为斑晶，小的或不结晶的玻璃质称为基质，中间没有中等大小的颗粒，称为斑状结构，如花岗斑岩。

2. 沉积岩结构

一般沉积岩有如下几种结构：

（1）碎屑物经胶结而成的碎屑结构。通常钙质、铁质、硅质、泥质等都可以作为胶结物。按碎屑大小来划分，包括：大于 2 mm 的碎屑胶结而成的砾状结构，如砾岩；碎屑颗粒直径在 0.1 ~ 2 mm 的砂粒结构，如砂岩；碎屑颗粒直径在 0.01 ~ 0.1 mm 的粉砂结构，如粉砂岩。

（2）颗粒很细小，由直径小于 0.01 mm 的泥质组成的致密状泥质结构，如页岩、泥岩。

（3）化学原因形成的晶粒状、隐晶状、胶体状（如鲕状、豆状）的化学结构，如粒状石灰岩。

（4）由生物遗体或生物碎片组成的生物结构，如生物灰岩。

3. 变质岩结构

变质岩大多具有晶质，其结构通常按照岩石矿物的结晶颗粒大小、形状以及相互组合的关系分为等粒状、致密状和斑状等，为了区别于岩浆岩，在其结构命名上加上"变晶"两个字，如等粒变晶、斑状变晶等。也有按照变质的特征划分的变余结构、变晶结构、交代结构和变形结构。

（四）构造

1.岩浆岩构造

岩浆岩构造指矿物颗粒间的填充和排列方式。一般有块状、气孔状、流纹状、杏仁状等构造。

块状构造：岩石中矿物无秩序排列，是侵入岩的典型特征，如花岗岩即为块状。

气孔状构造：岩石形成过程中具有大小不一的气孔，为喷出岩的特征。

流纹状构造：岩石中能看到岩浆冷凝流淌的纹理，是喷出岩的典型特征，如流纹岩。

杏仁状构造：喷出岩形成的气孔内，又被次生矿物填充，形成杏仁形状，如方解石、蛋白石等。

2.沉积岩构造

岩石的外貌能表现出各物质成分的排列与分布关系，如沉积岩具有成层纹理，且常有化石等地质现象，称为层面构造。

3.变质岩构造

变质岩常呈片理构造，其组成矿物受温度、压力影响会按一定的方向进行排列。主要有以下几种类型：

板状构造：变质比较浅，变晶不完全，片理较厚，能劈成薄板，如板岩。

千枚状构造：变晶不大，片理面很有光泽，断面上可见数目较多的极薄片层，所以称千枚。

片状构造：矿物晶粒很粗，为显晶变晶结构，片理面有强光，能劈成薄片。

片麻状构造：片状、粒状、柱状矿物平行排列，呈现条带状。

块状构造或层状构造：矿物经历重结晶，为隐晶质或粒状，一般肉眼难见片理构造，如大理岩、石英岩。

（五）成土岩石识别项目

根据表3-1-3所列项目，认识各种岩石。

表 3 - 1 - 3　主要成土岩石

岩石	岩石名称	颜色	矿 物 组 成	结 构 构 造	风化特点和分解产物
岩浆岩	花岗岩	灰白、肉红	钾长石、石英为主，少量斜长石、云母、角闪石	全晶等粒结构、块状构造	抗化学风化能力强，易物理风化，风化后石英变成砂粒，长石变成黏粒，且钾素来源丰富，形成砂黏适中的母质
	闪长岩	灰、灰绿	斜长石、角闪石为主，其次为黑云母、辉石	全晶等粒结构、块状构造	易风化，风化形成的母质黏粒含量高
	辉长岩	灰、黑	斜长石、辉石为主，其次为角闪石、橄榄石	全晶等粒结构、块状构造	易风化，形成富含黏粒、养料丰富的土壤母质
	玄武岩	黑绿、灰黑	与辉长岩相似	隐晶质、斑状结构，常有气孔状、杏仁状或块状构造	与辉长岩相似
沉积岩	砾岩	决定于砾石和胶结物	由各种不同成分的砾石胶结而成	砾状结构（由粒径 > 2 mm 砾石胶结而成）层状构造。	风化成砾质或砂质的母质，土壤养分贫乏
	砂岩	红、黄、灰	主要由石英、长石砂粒胶结而成	砂粒结构（颗粒直径 0.1 ~ 2 mm）层状构造	风化难易与胶结物有关，石英砂岩养分含量较少，长石砂岩养分含量较多
	页岩	黄、紫、黑、灰	黏土矿物为主	泥质结构（颗粒粒径 < 0.01 mm），页理构造。	易破碎，风化产物为黏粒，养分含量较多
	石灰岩	白、灰、黑、黄	方解石为主	隐晶状、鲕状结构，层状构造，有碳酸盐反应	易在碳酸水中溶解，风化产物质地黏重，富含钙质

续表

岩石	岩石名称	颜 色	矿 物 组 成	结 构 构 造	风化特点和分解产物
变质岩	板岩	灰、黑、红	泥页岩变质而来	结构致密板状构造（能劈成薄板）	比页岩坚硬，而且较难风化，风化后形成的母质和土壤与页岩相似
	千枚岩	浅红、灰、灰绿	含云母等泥质岩变质而来	隐晶状结构，千枚状构造、断面上常有极薄层片体，表面具有绢丝光泽	易风化，风化产物黏粒较多，含钾素较多
	片麻岩	灰、浅红	多由花岗岩变质而来	等粒变晶结构，片麻状构造（黑白相间，呈条带状）	与花岗岩相似
	石英岩	白、灰	由硅质砂岩变质而来，矿物成分主要为石英	粒状、致密状结构，块状构造	质坚硬、极难化学风化，物理破碎后形成砾质母质
	大理岩	白、灰、绿、红、黑、浅黄	方解石、白云石为主，多由石灰岩变质而来	等粒变晶结构，块状构造，与10% HCl反应剧烈	与石灰岩相似

三、作业题

1. 对未知矿物进行鉴定。

2. 对未知岩石进行鉴定。

项目二　野外土壤剖面的形态观察

一、实习目的和说明

土壤剖面调查是了解农作物生产条件,评定土壤肥力的一种不可缺少的重要手段和方法。通过实习,一是增强对土壤剖面的认识,提高描述土壤剖面的技能;二是通过观察周围的自然条件(地形、水文、气候等)、水利设施、农业利用情况,初步综合分析该土壤的肥力状况,为制定用土、改土计划和措施提供依据。

二、实习器具

铁锹、皮尺、土钻、剖面刀、铅笔、记录表。

三、实习步骤

(一)选择土壤剖面点

1. 选择发育稳定、扰动少的土壤,一般要求地势平坦,在一定范围内有代表性。

2. 不宜选在住宅周边、路旁、沟畔、堆肥或施肥点附近及人为扰动大、缺少代表性的地块。

3. 首先观察剖面点所处地形及农田基本情况。

(二)土壤剖面的挖掘

剖面标准尺寸一般为长 2 m、宽 1 m、深 2 m(地下水位较高时,挖到水层即可;土层较薄时要挖至基岩),农田土壤剖面可调整为长 1.5 m、宽 0.8 m、深 1 m,如图3-2-1所示。

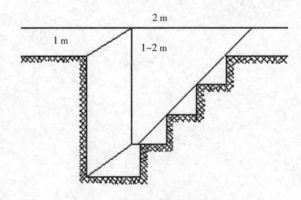

图 3-2-1　土壤剖面示意图

挖掘剖面时注意以下几点:

1. 剖面的观察面要朝向太阳,保证视线良好,便于观察。

2. 挖掘的表土、底土应分别堆在土坑两侧,切勿混放,以保证土层不乱、肥力不受影响,剖面观测后要将土壤按原层分层回填。

3. 观测面的上方一般不堆土,以免落土影响剖面结构,带来实验误差;也不要有人站立或走动,以免阻挡阳光和带动落土。

4. 农田土壤剖面应使剖面垂直垄作方向,方便同时观测垄台、垄沟的性状差异。

5. 回填土必须填实填平,切忌不回填,避免人、机、畜在该位置造成下沉和扭伤。

(三)土壤剖面层次的划分

剖面是垂直的,在观察前用小刀挑成毛面,以突出的特征,如土壤颜色、质地、松紧度、新生体等划分层次,并用剖面尺依次量出每个土壤发生层的厚度,记录各发生层的形态特征。一般土壤类型根据发育程度,可分为残落物层(O)、腐殖质层(A)、淋溶层(E)、淀积层(B)、母质层(C),有时可见母岩层(D)。土壤主要土层代号见表3-2-1。

表3-2-1 自然土壤主要土层的代号

命名系统	中国 (1978年)	苏联 (1958年)	国际土壤学会 (1967年)	美国(1960年)	加拿大(1974年)
有机层	A0	A0	O	O	O
腐殖质层	A1	A1	A	A1	Ah
淋溶层、灰化层	A2	A2	E	A2	Ac
淀积层	B	—	B	B	B
母质层	C	—	C	C	C
母岩层	D	D	R	R	R

农田土壤剖面通常分为四层:

1. 耕作层:也称耕层,代号A。一般深度为15~20 cm,颜色深,结构通常较好,作物根系密集。因耕作、灌溉、施肥等人为扰动较多而使耕层疏松,其容重适宜,近表层5 cm水气变化较大。

2. 犁底层:代号P。一般厚6~8 cm,因长期受机械、畜力的动力挤压,结构紧实,在一定程度上托水托肥,但不透气。

3. 心土层:代号 B。一般厚 20～30 cm,位于犁底层下层,根系分布较少,土壤结构也较紧实,通常上层(耕作层、犁底层)的水分、养分可淋溶积聚于此层,水气稳定。

4. 底土层:代号 C。位于心土层以下,根系几乎无分布,相当于自然土壤的母质层,保持土壤淀积的原貌。

挖好剖面后,按照各层次的形态特征,划分层次,并标注代码,然后对各层做详细描述。土层的深度以地表为 0 cm 向下起算,连续计数。例如:第一层 0～16 cm,第二层 16～24 cm,第三层 24～76 cm,等等。

土层细分时,还应注意划分过渡层及描述过渡层的土壤特征:

1. 区分逐渐过渡层与明显过渡层。

2. 过渡层的命名为上下两层的代码,如 B 层、C 层的逐渐过渡层命名为 BC 层或 CB 层,位于前面的代码意味着在过渡中占主导地位。

3. 当土层有舌状过渡层,表现为同一层颜色分布不均,即可用过渡层的表示法,如 AB 层。

4. 遇该层次有明显物质淀积,使用相应代码,如 Bt 为黏粒淀积层,Bn 为腐殖质淀积层,Bir 为铁淀积层,等等。

(四)土壤剖面描述及记载

剖面描述内容参考表 3－2－2 和表 3－2－3(土壤剖面记录表)所列项目。

表 3－2－2　剖面记录表(1)

土壤剖面记载表					
剖面编号		日期		天气	调查人
地点		地形图幅号、卫(航)片号			
土壤俗名		正式定名			
地形		海拔高度			
母质类型		自然植被			
侵蚀情况		潜水位及水质			
土地利用		排灌条件			
施肥情况		影响			
轮作状况		一般产量/(千克/亩,1 亩 ＝666.7 平方米)			
土壤剖面综合评述:					

表 3 - 2 - 3　剖面记录表(2)

| 土壤层次 | 深度/cm | 颜色 | | 含水量 | 质地 | 结构 | 坚实度 | 孔隙 | 新生体 | | | 侵入体 | 根系 | 野外测定 | |
		干	润						种类	形态	数量			pH 值	石灰反应

1. 记录土壤剖面所处地形部位、位置、母质、植被或种植情况、地下水位,可绘制地形、地貌草图,做好方向标记,必要时要绘制剖面比例尺图,注明方向和尺寸,向当地农户调查栽培管理等情况。

2. 划分土壤剖面层次,标记代码,记录剖面层次的厚度,描述各土层形态特征、过渡层特征和土层分界线的形状。

3. 将土壤颜色、pH 值、石灰反应等项目作为野外速测项目,将速测结果做好记录。

(1)鉴别土壤颜色

很多主要土类均以土壤颜色来命名,如黑土、红壤、砖红壤等。土壤的颜色可以反映土壤的物质组成(所含矿物类型及有机质含量)等。

野外使用芒塞尔土色卡鉴别土壤颜色,其对土壤颜色的命名是以色调、彩度、亮度三个属性来表示的。色调即土壤呈现的颜色。亮度指土壤颜色的相对亮度,由 0 到 10 逐渐变亮。彩度指颜色的浓淡程度。例如:5YR4/6 表示色调为亮红棕色,亮度为 4,彩度为 6。

使用芒塞尔土比色卡时应注意:

①比色时注意勿阳光直射、勿昏暗,选择阳光柔和处。

②选择土壤新鲜、平整的断面茬口。

③每层若存在土壤颜色不一致的情况,应分别加以描述。

(2)湿度

土壤湿度可分为干、润、湿润、潮润、湿五级。观察土壤湿度,目的是了解土壤墒情。

①干:土壤有明显灰尘,吹之有飞扬的尘土,置于手中感觉不到凉意。

②润:土壤无明显灰尘,吹之无飞扬尘土,置于手中稍感凉意。

③湿润:土壤放在手中有明显的湿的感觉。

④潮润:土壤置于手中,手中有湿润水痕,粘手,但紧攥不出水,可捏成团。

⑤湿:手攥土壤,可攥出水,表明土壤水分饱和度高。

（3）质地

野外土壤质地测定常用手测法,详细指标参见表3-2-4。

表3-2-4　土壤质地分级简易识别法

质地名称	土粒组成/%		识别方法		
	砂粒	黏粒	肉眼辨别	湿法	干法
砂粒	90~100	0~10	全是单颗砂粒	不能成为球和细条,手握可成团,但易散,搓时松散	松散的砂粒,手握时会从手缝流下
砂壤土	80~90	10~20	以砂粒为主,有少量细土粒	湿时可搓成大拇指粗土条,再细即断;可成片,但片面极不平整	有松脆的土块,压之即碎,成粉状,也有不少单颗砂粒存在,感觉粗糙
轻壤土	70~80	20~30	砂多,细土占20%~30%	湿时可搓成细土条,易断裂,可压成平整片状	有土块,稍捻即碎,捻时有砂粒感觉,用手可搓成粉状
中壤土	55~70	30~45	砂较多,干结时有硬块,黏粒增加	湿时可搓成细土条,一端提起不断,但弯曲成圈即断裂;可成片,片面平整,但无反光	土块很硬,难捻碎,必须用力方能掰开,搓碎后可感触细腻感
重壤土	40~55	45~60	几乎不见砂粒,细黏粒占多数,干时硬结成土块	湿时可搓成细土条,弯曲成圆圈亦不断裂;压扁有裂纹;可成片,片面平整,有弱反光	土块棱角明显,硌手,很难捏碎,用手亦难掰开
黏土	<40	>60	几乎没有砂粒,全是细黏粒,干时成块坚硬,有氧化铁胶膜,往往呈红色	土质滑腻,湿时可搓成直径2 mm以下的土条,易弯曲成圆圈,压扁不见裂纹,易成片,平整有反光	土块非常坚硬,手捻不碎,锤击也不会变成粉末

（4）土壤结构

土壤结构是指自然累积状态下,经适度的外力作用,而自然散落的些许形状和大小不同的土壤个体。土壤结构类型,参见表3-2-5。

表 3 - 2 - 5　查哈洛夫土壤结构分类表

类	型		种	大小
I 类:结构体三轴等长	一、形体和面棱均不明显	块状	大块状	直径 >10 cm
			小块状	直径 5 ~ 10 cm
		团块状	大团块状	直径 3 ~ 5 cm
			团块状	直径 1 ~ 3 cm
			小团块状	直径 0.5 ~ 1 cm
	二、结构和面棱明显	核状	大核状	横断面 10 ~ 20 mm
			核状	横断面 7 ~ 10 mm
			小核状	横断面 5 ~ 7 mm
		粒状	大粒状	3 ~ 5 mm
			粒状	1 ~ 3 mm
			小粒状	0.5 ~ 1 mm
II 类:结构体沿纵轴发育	一、圆柱状		大柱状	横断面 >5 cm
			柱状	横断面 3 ~ 5 cm
			小柱状	横断面 <3 cm
	二、大棱柱、尖顶柱状		棱柱状	>5 cm
				3 ~ 5 cm
			小棱柱状	1 ~ 3 cm
III 类:结构体沿横轴发育	一、片状		片状	厚度 >5 mm
			板状	厚度 3 ~ 5 mm
			页状	厚度 1 ~ 3 mm
			叶状	厚度 <1 mm
	二、鳞片状		沸泡状	>3 mm
			粗鳞片状	1 ~ 3 mm
			小鳞片状	<1 mm
IV 类(附加)机耕作用形成,结构面不明显,棱角明显	一、垡状:新犁后的犁垡		大垡状	10 cm
			小垡状	5 ~ 10 cm
			坷状	<1 cm
	二、碎块或晒冻垡后所形成		碎块	1 ~ 2 cm
			小碎块	0.5 ~ 1 cm
	三、遇水碎屑不易散		碎屑	1 ~ 3 cm
			屑粒	<0.5 cm

(5)土壤坚实度

它是指单位压力所产生的土壤容积压缩程度,或单位容积压缩所需要的压力,单位为 $kg \cdot cm^{-2}$,参见表 3 - 2 - 6 标准。

表3-2-6 土壤坚实度等级划分

等级	土钻入土的难易程度	土铲切入土壤的难易程度
极松	可自行入土	轻松自行入土
松	稍加压力即能入土	可插入土中较深处
散	加压力能顺利入土,但拔起时不能带取土壤	土铲掘土,土团即分散
紧	不易入土	费力
极紧	需大力才能入土,且速度很慢,不易取出,取出的土带有光滑的外表	很难入土

（6）土壤孔隙

土壤孔隙是指土壤颗粒之间及土壤结构体内部的空隙,详情参见表3-2-7。

表3-2-7 孔隙分级

孔隙分级	细小	小	海绵状	蜂窝状	网眼状
孔径大小/mm	<1	1~3	3~5	5~10	>10

（7）植物根系

植物根系数量多少的描述标准参见表3-2-8。

表3-2-8 土壤剖面内根系分级

描述	无根系	少量根系	中量根系	大量根系
标准/(根系数·cm^{-2})	0	1~4	5~10	>10

（8）土壤新生体

土壤新生体是指土壤成土过程中物质积聚及转移而产生的某种化合物,可依据其形态或特征进行描述,一般分为以下几种类型:

①石灰质新生体:有碳酸钙、石膏等。形状众多,有石灰结核、假菌丝体、石灰斑、砂姜等,存在石灰反应。有时亦能在土面形成盐霜和盐结皮。

②盐结皮、盐霜:一般在盐渍化土壤中,地表积聚可溶盐,而呈现白色盐霜或盐结皮。

③铁锰淀积物:它是由于铁锰化合物还原积聚形成的,常见的有铁锈纹、铁锈斑、铁盘、铁锰结核、铁管、铁锰脐膜等。颜色以锈红色、猪肝色、黑色等为主,对土壤中磷素营养有固定作用,是土壤速效磷缺乏的主要影响因素之一。

④硅酸粉末:一般指无定形硅酸,通常在白浆土及黑土的心土层的核块状结构表面可见白色粉末样物质,似星状散射,薄层分布。

⑤亚铁化合物:主要成分为 $FeSO_3$,$Fe_3(PO_4)_2 \cdot 8H_2O$,为淡蓝色、深蓝色或绿色。

（9）侵入体

侵入体为土壤中的外来物,不是成土过程的产物,如砖块、煤块、骨骼、石块等。

（10）石灰反应

以 10% 盐酸滴在土壤上会产生气泡,表明土壤含有碳酸钙。以气泡产生的数量和强弱来描述石灰反应程度,参见表 3 - 2 - 9。

表 3 - 2 - 9　石灰反应等级

等级	现象	记法
无石灰反应	—	-
弱石灰反应	缓慢起泡	+
中石灰反应	明显起泡	+ +
强石灰反应	剧烈起泡	+ + +

（11）pH 值的简易测定

野外以 pH 试纸或 pH 混合指示剂来测定土壤 pH。具体操作:取白瓷板,放黄豆粒大小土壤,碾碎后滴入 5 ~ 8 滴 pH 混合指示剂,3 ~ 5 min 后取上清液,用 pH 试纸比色。

4. 完成上述项目,最终要形成结论。确定土壤类型名称,并对该地块进行初步肥力的描述,并提出整改意见。

四、注意事项

1. 全程要注意安全。

2. 工具及试剂携带要遵守规范。

3. 全程注意清点人员及工具。

五、作业题

1. 完成上述实习内容,填好表 3 - 2 - 2、3 - 2 - 3 剖面记录表。

2. 确定土壤类型名称,并对该地块进行初步肥力的描述,并提出整改意见。

第四篇

综合实训

第四篇

综合实训

项目一 土壤适耕期长短的确定

一、实训目的和说明

在土壤水分适宜的情况下,土壤呈松散状并且酥碎,这时土壤的阻力小,从而使犁易入到土壤中,为适耕期。这时不同的土壤,含水量相差不多,是田间持水量的40%~60%。通常表现为:土壤表面干湿土相参,取耕层5~10 cm的土,用手握住,会散碎地落到地上,用脚踢扫地面,如果土块散碎,则表示土壤水分适中,为土壤适耕期。如果土壤含水量太低,这时耕作不利于保墒,并且容易出现干坷垃;如果土壤含水量太高,耕作容易出现明垡,干后会成为硬坷垃。

土壤适耕期确定的重要指标之一是:土壤水分测定。如果想要农作物保持高产、稳产,就必须对土壤的水分情况进行了解和掌握,采取相应的有效措施来进行调节、控制和管理,并通过土壤水分测定来确定土壤的适耕期。

二、实训原理和方法

土壤重要组成部分之一是土壤水分。土壤水分是土壤肥力的一个重要因素,它也是作物生长发育的基本条件。一般情况下用土壤含水量表示土壤水分状况,通常用体积含水量和质量含水量两种表示方法。

三、实训器具

土壤水分测试仪、米尺、记录笔、记录本。

四、实训步骤

1. 将每个班分成4~5人的若干个小组进行实验。在实验地内选定5个测试点,采取对角线取样法进行取样。

2. 在每一个测试地点,用米尺量出1 m² 的土壤区,然后用对角线取样法选5个测试点,分层取土,进行土壤含水量测定,对不同实验地内的土壤含水量分别进行测定。测出实验地不同土层土壤体积含水量,并记录数据(0~6 cm、0~10 cm、0~15 cm、0~20 cm)。

3. 用小铲将选定测试点上的土表整平。

4. 把仪表板和土壤水分传感器的数据线连接和固定。

5. 按"开/关"键,打开电源开关。

6. 对所需的测量探杆进行选择,并在土壤水分传感器上安装所需的测量探杆,然后用扳手对螺母进行固定。

7. 按探头键,当探头类型指示灯亮起时,选择相应的测试指示灯进行测试。

8. 将土壤水分传感器握紧,把仪器探头锥体尖端垂直插入被测土层中。

9. 按测量键,仪表板上的液晶显示屏上会显示所测土层的土壤体积含水量(%,水的体积/土的体积)。所测土壤表土(0～6 cm 深度)的体积含水量数据填写在记录表内。

10. 重复 6、7、8、9 步骤的操作,测量多点和多层次的土壤水分含量。注意按探头键选择相应的探头类型,并且要更换不同长度的探头(10 cm,15 cm,20 cm)。

11. 按仪表板上的"开/关"键,可关闭电源来结束土壤水分含量的测定。

12. 将仪表板上的土壤水分传感器的数据线拔下,用扳手卸下测试探头,置于仪器箱内前进行擦拭。

五、注意事项

1. 根据实验要求,按表 4-1-1 绘制出待用的记录表,以供测定时做记录。

2. 测定各点的土壤含水量,并将各土层每次测得的土壤含水量数据填入记录表中,供处理和分析。

3. 根据所测数据,计算出不同深度的土壤体积含水量的平均值。

4. 根据计算,分析 A、B、C、D、E 五个测试点的各层土壤含水量变化规律,并绘制变化曲线图。

5. 根据所测得数据,分析测试点的土壤是否满足播种、耕作的理想含水量,为作物的产量和机械化作业提供科学依据。

表 4-1-1　土壤水分含量测试数据记录表

测试地点:_____　　测试日期:_____　　测定人:_____　　记录人:_____

测试地点	土层深度/cm	土壤含水量/(m³/m³)					平均值/(m³/m³)
		1	2	3	4	5	
A	0～6						
	0～10						
	0～15						
	0～20						
B	0～6						
	0～10						
	0～15						
	0～20						

续表

测试地点	土层深度/cm	土壤含水量/(m³/m³)					平均值/(m³/m³)
		1	2	3	4	5	
C	0~6						
	0~10						
	0~15						
	0~20						
D	0~6						
	0~10						
	0~15						
	0~20						
E	0~6						
	0~10						
	0~15						
	0~20						

六、作业题

1. 结合实际分析除土壤含水量外,决定土壤适耕期长短的重要环境因素包括哪些?

2. 总结实际操作的过程中哪些步骤可能会影响实验的最终结果?

项目二　不同耕法土壤物理性状的测定与比较

一、实训目的和说明

通过实验研究不同的耕法,了解不同耕法对土壤的物理性状有何影响,为促进增产增收、提高耕地质量提供技术依据。

二、实训原理和方法

实验不设重复,采取大区直接对比法,机械播种,实验面积 15 亩(1 亩 = 666.7 平方米),保苗株数为 25 万株。

实验设 4 个处理:

处理 1:春旋耕起垄。

处理 2:破旧垄、原垄种(翌春顶浆打垄)。

处理 3:秋深松旋耕起垄。

处理 4:秋旋耕起垄。

三、实训器具

大豆品种为"黑农 48",每亩施用尿素 2.7 kg、磷酸氢二铵 9.8 kg、硫酸钾 9 kg。

四、实训步骤

1. 田间持水量的计算

$$\Phi = \left[(m_2 - m_1)/m_1 \right] \times 100\%$$

式中:

Φ——田间持水量;

m_1——烘干土质量;

m_2——湿土质量。

2. 土壤孔隙度测定

分别选择 100 m² 的黏土、壤土和砂土的田地土壤进行田间持水量测量,把 100 m² 分成相同的两块,一块只用水浇灌,一块用液体肥料和 1.3 kg 的水混合冲施。一周后,在施肥的田地和不施肥的田地上同时进行土壤采样,并编上编号准备实验。

$$土壤孔隙度 = (1 - 土壤容重/土粒密度) \times 100\%$$

(1)土壤容重的测定

先将耕层的土面用铁铲刨平,把环刀托套在环刀无刃的一边,环刀刃朝下,将环刀垂直压入土中(注意用力均衡)。如果土壤较硬,环刀较难插入土中时,可以把环刀托把用土锤轻轻敲打,当整个环刀全部被压入土中,并且环刀托的顶部马上接触土面(在环刀托盖上的小孔中可以看见)时,停止下压。用铁铲将环刀周围土壤挖去,在环刀下部切断,并要留一部分多余的土在其下部。取出环刀,翻转环刀,刀刃向上,用削土刀刮掉附着在环刀外侧的土,然后用削土刀自侧边向中间削平土面,使其与刃口平齐。盖上环刀的顶盖,再次将环刀翻转,使已经盖上顶盖的刃口一边向下,然后取下环刀托。同理将没有刃口一边的土面削平,并且盖好底盖。快速将装有土样的环刀放在木箱中带回室内,湿土和环刀在天平上称重,将称重以后的土壤和环刀在105 ℃ 烘箱中烘烤至恒重,再次称量。

$$土壤容重(g \cdot cm^{-3}) = 烘干土样质量(g)/环刀容积(cm^3)$$

(2)土粒密度的测定

取约10 g通过2 mm土筛的风干土样,用小漏斗装到质量已知的比重瓶里,称取瓶子加上风干土样的质量。另外再称取5 g左右土样测定水分含量的情况。

将水缓缓注入装有样品的比重瓶中,水和土的体积达到比重瓶体积的三分之一到一半较适合。慢慢晃动比重瓶,使土粒与水充分接触并浸润,然后把比重瓶放在电砂浴上加热,直至沸腾,继续保持微沸状态1 h,煮沸过程中应该经常晃动比重瓶,除去土壤中的空气。煮沸过程完毕以后,将冷却的无CO_2水沿着瓶壁缓缓倒入比重瓶中,用手指轻轻敲击瓶壁,完全排尽残留在土壤中的空气,附着在瓶壁上的土粒沉到瓶底。静止冷却,澄清以后测量瓶内水的温度。加满水到瓶口,盖上毛细管塞,瓶中多余的水就会在塞上的毛细管孔中溢出,用滤纸擦干,然后称取比重瓶 + 水 + 土的质量。

倒出比重瓶中的土液后,将比重瓶清洗干净,然后注满冷却的无CO_2水,测量瓶内水的温度,加满水到瓶口,盖上毛细管塞,擦干比重瓶的外壁,称取比重瓶 + 水的质量。如果每个比重瓶都是事先经过校正的,测定时即可省略该步骤。

测定的土壤含水溶性盐或较多的活性胶体时,土样应该先在105 ℃条件下烘干,并且要用非极性液体替代水,用真空抽气法除去土样和液体中的空气。抽气过程中要保持接近一个大气压的负压,经常晃动比重瓶,直到没有气泡溢出为止,其余步骤同上。

秋深松、秋旋耕、破旧垄和春旋耕的田间最高持水量分别为多少、土壤容重分别为多少、总孔隙度分别为多少。对比数据,分析哪种方法最具优势。根据四种耕法的实验效果做出总结。

表 4 - 2 - 1   不同耕法土壤物理性状调查

处理	田间持水量/%	土壤容重/$(g \cdot cm^{-3})$	孔隙度/%	备注
秋深松				
秋旋耕				
破旧垄				
春旋耕				

五、作业题

1. 简要分析为何不同地区会选择不同的耕法。
2. 不同的耕法对土壤的物理性状有什么影响？

项目三　振动松土机作业

一、实训目的和说明

深耕是土壤耕作的重要技术,受到国内外越来越多的关注。深耕松土是改善土壤内部结构,减少土壤侵蚀,提高蓄水能力的重要措施。

振动松土机对整个耕种的土壤进行强制振动、松动。振动深土机的工作原理是利用拖拉机动力输出轴产生振动,并将其安装在机架上。工作部件以恒定的频率和振幅振动,工作部件前进,同时松动的工作部件上下左右振动。这种类型的操作不仅降低了土壤对工作部件的抵抗力,而且还降低了功耗。

影响振动松土机性能的因素包括土壤条件、耕作深度、推进速度、振动频率、振幅和振动角度等,以便更好地了解振动裂土器在运行过程中对土壤的影响。通过这个实验,我们可以了解振动松土机的性能和结构特征,了解影响振动松土机工作性能的参数指标和不同参数指标下机器的工作性能、工作质量。

二、实训原理和方法

图 4 - 3 - 1 是振动松土器机简化结构图。该机器包括龙门式六分力测量结构、机架、变速箱、偏心轴连杆式振动装置、松土部件、工作架、联轴器、万向节等。在机器的水平方向上有两组工作部件。每组之间的间隔为 600 mm。每组松土部件的工作宽度为 280 mm。机器通过 T 形螺栓固定在龙门式六分力测量机构的连接板上。

振动松土机松动工作过程是工作架前端连接机架,后端连接偏心轴连杆式振动装置,在偏心轴连杆式振动装置的作用下,工作主轴绕驱动器上下连续摆动,使固定在上侧的松土部件振动,从而振动犁过的土壤使其松散。

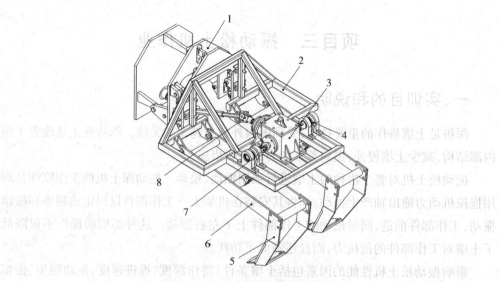

图4-3-1 振动松土机结构图
1.门架式六分力测量机构 2.机架 3.变速箱
4.偏心轴连杆式振动装置 5.松土部件 6.工作架 7.联轴器 8.万向节

三、实训器具

开口扳手、活扳手、卷尺、直尺、耕深尺、笔、记录本、土槽实验台和振动松土机等。

四、实训步骤

1.松土宽度、松土深度、松土比的测定

在实验区域的测量范围内,沿着单元的前进方向每5 000 mm测量一个点,并且每行测量4个点。确定松土宽度、松土深度和松土面积,并记录在表4-3-1中。根据下式计算松土深度的平均值、松土深度的稳定系数和松土比。

表4-3-1 松土深度、松土宽度、松土比的测定

测定日期: 测定地点: 测定人: 记录人:

测点	工作部件组号	松土断面参数			松土面积/cm²	工作幅宽/m
		上边宽度/cm	下边宽度/cm	松土深度/cm		
1	1					
	2					
2	1					
	2					
3	1					
	2					

续表

测点	工作部件组号	松土断面参数			松土面积/cm^2	工作幅宽/m
		上边宽度/cm	下边宽度/cm	松土深度/cm		
4	1					
	2					
松土深度平均值						
松土深度稳定系数						
松土比						

（1）松土深度平均值计算

每行的松土深度：

$$a_k = \frac{\sum\limits_{i=1,j=1}^{m,n} a_{ij}}{n \times m}$$

式中：

a_k——第 k 行的松土深度平均值，cm；

a_{ij}——第 i 个松土组件的第 j 个测点的松土深度值，cm；

n——松土机的松土组件数；

m——每行的测点数。

总松土深度：

$$a_{ij} = \frac{\sum\limits_{k=1}^{l} a_k}{l}$$

式中：

a_{ij}——总的松土深度平均值，cm；

a_k——第 k 行的松土深度平均值，cm；

l——测定的行数。

（2）松土深度稳定性计算

松土深度标准差、变异系数和稳定系数。

$$S_j = \sqrt{\frac{\sum\limits_{i=1}^{n_j} (a_{ij} - a_j)^2}{n_j - 1}}$$

$$V_j = (S_j / a_j) \times 100\%$$

$$U_j = 1 - V_j$$

式中：

S_j——第 j 行的松土深度标准差；

V_j——第 j 行的松土深度变异系数；

U_j——第 j 行的松土深度稳定系数。

（3）松土比计算

$$A_b = \frac{\sum A_s}{B \times a_{ij}} \times 100\%$$

式中：

A_b——松土比；

A_s——松土组件松土面积平均值，cm^2；

B——总工作幅宽，cm；

a_{ij}——松土深度平均值，cm。

2. 耕深实验

在此测试中，其他参数应保持不变。耕深 H 的变化为 50～250 mm，增量为 50 mm。研究不同耕深下振动裂土器的工作性能和工作质量。

3. 振动频率实验

在此测试中，其他参数应保持不变。振动频率 f 的变化为 0～10 Hz，增量为 2 Hz。研究不同振动频率条件下振动裂土器的工作性能和工作质量。

4. 前进速度实验

在本实验中，其他参数应保持不变。前进速度 v 的变化为 0.5～2.5 $km \cdot h^{-1}$，增量为 5 $km \cdot h^{-1}$。研究振动裂土器在不同前进速度下的工作性能和工作质量。

五、作业题

1. 调查总结北方地区的松土机械有哪些？

2. 为什么振动松土机在国内不能大面积推广？

3. 根据实验测量数据，完成表 4-3-1。

项目四　铧式犁耕作

一、实训目的和说明

耕地是现场机械化中耗能最多的工作项目,耕地也是农业生产现场作业中最基本的作业,其目的是为作物的生长和种植创造有利的环境条件。不同程度的耕作可以疏松土壤,改善土壤中的土壤空隙、空气和水分条件,增强土壤渗透性和吸水性。通过耕地,铲除并覆盖杂草、绿肥、作物残茬、肥料,增加耕层的土壤肥力和腐殖质,将土层下面的大量虫卵翻耕至地表面进行消灭,去除病害、虫害。

耕地机械主要是圆盘犁和犁耙。为了更好地了解耕作的状态,在土壤机械实验台上进行了耕犁实验。通过实验,了解犁的运行标准和结构特征,了解犁耕阻力的测量装置和测量方法,了解犁表面在不同参数(耕深、前进速度)和影响犁工作质量的参数下的工作效果和牵引特征。

二、实训原理和方法

1. 组成部分

(1)主要的犁体由犁侧板、犁壁、犁铧和犁柱等组成。为了提高犁的覆盖性能,避免杂草、绿肥等缠绕犁,应安装延长板、盖草板。在多铧犁的安装中,通常要在最后一个犁的末端加一个可以更换的犁。犁的作用是把土壤弄碎、割开、除草和翻耕。

犁在耕作过程中,将土壤在水平方向上切割,从而形成犁沟的底面。切割后的土壤破碎,并沿犁工作面的方向翻转。犁铧是犁体磨损最快的部分,其工作阻力约占犁体总阻力的一半。

犁壁又称犁镜,可分为组合类型和网格类型。

犁体安装在犁侧板上,以平衡耕地所受的侧向力,提高犁体在水平面上的稳定性。犁的弯曲部分连接在犁的后部和犁墙上,犁的平坦部分连接在犁柱和犁侧板上。

(2)小前犁:在中国使用最广泛的是蹲式小前犁,它安装在主犁体的前面。其结构和表面设计与主犁体相似。其作用是将上垡的一部分移入沟底,增加犁的耕面。

(3)犁刀:安装在主犁体和小前犁前,其作用是垂直切割土壤和杂草残留物,减小阻力,减少主犁刀的磨损,确保犁墙是整齐的,并提高覆盖质量。

2. 犁的辅助部件

(1)犁架:犁架是犁的骨架,用来连接部件和传输牵引。犁可分为平犁和钩犁两种。平犁又可分为螺栓组合犁和焊接犁两大类。焊接犁的框架分为三角形框架、梯形框架和单梁框架。

(2)犁轮:犁轮的作用是支撑犁,限制犁的深度,增加犁的稳定性,使其便于运输,完成犁的升降。犁必须配备有限深轮和拖拉机,以及高度调节液压系统。

(3)悬挂装置:安装在一个连接的移动装置上,允许牵引犁向牵引方向移动,以调整生产特性,保证耕作质量。在安装犁中,安装装置主要是指由悬架、悬架轴和调节机构组成的悬挂装置。悬架由一个左右支撑和一个固定在机架上的中心弦杆组成,构成稳定的三角形。悬架轴可分为铰链轴、曲轴和农业调节器三种。

三、实训器具

悬架由一个左右支撑和一个固定在框架上的中心弦杆组成,形成一个稳定的三角形。悬架轴可分为三种形式:铰链轴、曲轴和农业调节器。

四、实训步骤

1.卷边犁操作质量的测量方法

犁的质量取决于地理位置、作物种植和土壤条件。基本要求可以概括为:研磨性好、体积平整度好、不漏转。测量了以下三个主要指标。

(1)耕深

①检测方式

首先,确定测量区域。测量区域的长度应该超过 20 m,保留区域两端不应小于5 m,每个测试模型至少有一个往返宽度。其次,确定测量点。根据设备的前进方向,选择测量长度 20 m 以内的每个行程的 5 个测点。再次,沿着测点,测量后犁体耕深,如图 4-4-1 所示,$a_i(i=1,2,\cdots,n)$ 为深耕,$b_i(i=1,2,\cdots,n)$ 为耕层厚度,n 为选定测点个数。最后,依次记录不同测点的 a_i 和 b_i。

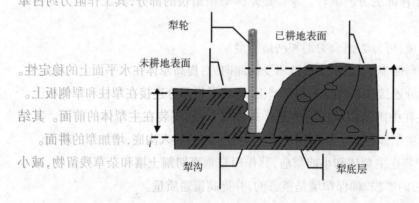

图 4-4-1　机械翻耕后土层切面示意图

②计算方法

a.每个行程值按下式计算:

$$\bar{a} = \frac{\sum a_i}{n}$$

$$S = \frac{\sum (a_i - \bar{a})^2}{n - 1}$$

$$V = \frac{S}{\bar{a}} \times 100\%$$

$$U = 1 - V$$

b. 每个工况值按下式计算：

$$\bar{\bar{a}} = \frac{\sum a_i}{N}$$

$$S_m = \frac{\sum (a_i - \bar{\bar{a}})^2}{N - 1}$$

$$\bar{V} = \frac{S_m}{\bar{\bar{a}}} \times 100\%$$

$$\bar{U} = 1 - \bar{V}$$

式中：

a_i——各测点耕深值，cm；

n——每个行程测定点数；

$\bar{a}$——每个行程的平均耕深，cm；

S——每个行程的标准差，cm；

V——每个行程的变异系数，cm；

U——每个行程耕深的稳定系数，%；

$\bar{\bar{a}}$——平均耕深的平均值，cm；

N——工况测定点数；

S_m——工况耕深的标准差，cm；

$\bar{V}$——工况的变异系数，cm；

$\bar{U}$——工况耕深的稳定系数。

(2)评价指标——漏耕率、重耕率

①检测方式：在耕宽的测量中，首先测量 L_1 的宽度，略大于犁从沟壁到荒地的理论宽度，第二次冲程后标记新的沟壁，宽度 L_2，$L_1 - L_2$ 之间的差值，即是耕宽（图 4 - 4 - 2）。获得的平均耕宽如果大于犁的理论宽度，就会出现漏耕，反之亦然。

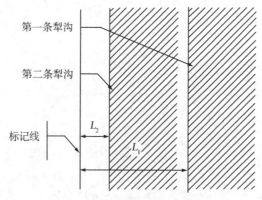

第一条犁沟

第二条犁沟

标记线

L_2

L_1

图 4 - 4 - 2　耕宽测量示意图

②测算方法:令工作机组在测区内作业的总行程长度为 L,其实际耕宽为:

$$\Delta L_i = L_2 - L_1$$

$$\overline{\Delta L} = \frac{\sum \Delta L_i}{n}$$

若 $\overline{\Delta L} > L_{理}$,则有漏耕,测量漏耕长度 m_1;若 $\overline{\Delta L} < L_{理}$,则有重耕,测量重耕长度 m_2,则

$$\partial_1 = \frac{(\overline{\Delta L} - L_{理}) \times m_1}{L \times L_{理}} \times 100\%$$

$$\partial_2 = \frac{(L_{理} - \overline{\Delta L}) \times m_1}{L \times L_{理}} \times 100\%$$

式中:

∂_1——漏耕率;

∂_2——重耕率;

ΔL_i——各测点的实际耕宽,cm;

$\overline{\Delta L}$——各测点的平均耕宽,cm;

n——测点数;

$L_{理}$——犁的理论耕宽,cm。

③评价基准:$\partial_1 < 2.5\%$, $\partial_2 < 5.0\%$ 。

(3)覆盖

覆盖是指耕作作业后的翻土、植被的表现,也会根据农业技术的要求发生变化。例如,对于退耕还田和绿肥还田,需要翻土、高植被覆盖等。不同类型和耕宽的犁体具有不同的覆盖性能。

测量方法:每个工况不少于 3 个测点。耕地面积为 $2b$ (b 为犁的工作宽度),长 30 cm。测量地表以上植被和碎屑的质量,地表小于 8 cm,如图 4 - 4 - 3 所示。

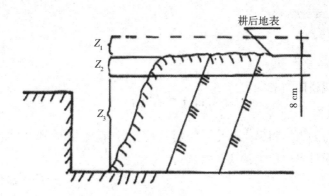

图 4 - 4 - 3　残茬覆盖

$$F = \frac{Z_2 + Z_3}{Z_1 + Z_2 + Z_3} \times 100\%$$

$$F_b = \frac{Z_1}{Z_1 + Z_2 + Z_3} \times 100\%$$

式中：

F——地表以下植被和残茬覆盖率；

F_b——8 cm 深度以下植被和残茬覆盖率；

Z_1——露在地表以上的植被和残茬质量，g；

Z_2——地表以下 8 cm 深度内的植被和残茬质量，g；

Z_3——8 cm 深度以下植被和残茬质量，g。

（4）碎土

栽培过程中的土壤性状表现为"籽粒产量"，与土壤类型和土壤含水量密切相关。破碎率和断条率的测定方法应符合相关规定（GB/T　14225.2—93）。

测定方法：每个工况不少于 3 个测点，在不小于 $b \times b(\text{cm}^2)$ 面积耕层内，分别测定最大尺寸（边长）大于、小于和等于 5 cm 的土块质量，按下式计算。

$$C = \frac{G_s}{G} \times 100\%$$

式中：

C——土垡破碎率；

G——全耕层土垡总质量，kg；

G_s——全耕层内最大尺寸（边长）小于、等于 5 cm 土块的质量，kg。

铧式犁在水耕或旱耕，其垡片成条时，测定断条率。测定最后犁体的垡片断条数，最大垡片长、平均垡片长。垡片断裂的面积超过该断面面积的一半者为一断条。断条率按下式计算：

$$P = \frac{f_T}{L}$$

式中：

P——断条率,次/米;

f_T——断条数,次;

L——测定区长度,m。

2.铧式犁犁耕阻力的测定

(1)测力机构

犁体工作时的土壤阻力是一个空间力系统,犁体前进水平阻力为犁耕阻力,犁耕阻力的测量可通过碎土机上的实验台进行。

(2)土壤条件

测试土壤是黏土。在实验前,土壤回收装置(旋耕机、铲运机、压实机)用于适当的土壤耕作,以保证土壤的坚固性和含水率。

(3)牵引阻力、犁耕比阻和功率消耗的计算

$$P = \frac{\sum F_i}{n}$$

$$K = \frac{10P}{a \times b}$$

$$N = P \times \nu \times 10^{-3}$$

式中:

F_i——各测点牵引阻力,N;

n——测点数;

K——犁耕(或犁体耕作)比阻,kPa;

P——犁平均牵引阻力,N;

a——平均耕深,cm;

b——平均耕宽,cm;

N——犁的功率消耗,kW;

ν——平均速度,m·s^{-1}。

五、作业题

1.铧式犁在使用过程中有哪些缺点?

2.通过互联网,比较圆盘犁和铧式犁之间的主要区别。

3.根据实测数据,分别计算出每个行程和每个工况的平均耕深、耕宽、变异系数和稳定系数,并记录在表4-4-1、表4-4-2中。

4.根据实测数据,在表4-4-3和表4-4-4中分别记录土壤破碎率和断条率。

5.根据实测数据,分析了不同前进速度和不同耕深下阻力和功率消耗的变化。

表 4 - 4 - 1 耕深测定表

测定地点：　　　　测定时间：　　　　设定耕深：　　　　测定人：　　　　记录人：

测点		耕深/cm			
		第一行程	第二行程	第三行程	第四行程
1					
2					
3					
4					
5					
6					
7					
8					
9					
10					
每个行程	平均值/cm				
	标准差/cm				
	变异系数/%				
工况	平均值/cm				
	标准差/cm				
	变异系数/%				

表 4 - 4 - 2 耕宽测定表

测定地点：　　　　测定时间：　　　　理论耕宽：　　　　测定人：　　　　记录人：

测点	耕宽/cm			
	第一行程	第二行程	第三行程	第四行程
1				
2				
3				
4				
5				
6				
7				

续表

测点	耕宽/cm			
	第一行程	第二行程	第三行程	第四行程
8				
9				
10				
每个行程 平均值/cm				
漏耕率				
重耕率				
工况 平均值/cm				
漏耕率				
重耕率				

表 4 - 4 - 3 土垡破碎率测定表

测定地点：　　　测定时间：　　　土壤类型：　　　测定人：　　　记录人：

行程序号	大于耕宽×耕宽(cm²)面积的耕层内土块质量/kg			土垡破碎率
	>5 cm 土块	≤5 cm 土块	土块总质量	
第一行程				
第二行程				
第三行程				
第四行程				
平均				

表 4 -4 -4　断条率测定表

测定地点：　　　测定时间：　　　土壤类型：　　　测定人：　　　记录人：

行程序号	测区长/m	断条数/次	断条率/(次/米)
第一行程			
第二行程			
第三行程			
第四行程			
平均			

项目五　翻地质量检查

一、实训目的和说明

1. 让学生掌握检查翻地、耙地质量的方法,清楚质量标准并应用于实践。

2. 翻地作业的主要目的是将土块破碎、将土地整平、保持水分、覆盖肥料和消灭杂草,这些给农作物的种子发芽和生长创造了非常好的条件。要保证耙过的土地面要平整,不能有漏耙和出现深沟的现象,破碎土块的状况也要保持良好,土块的最大直径要保证在 3 cm 以内。

二、实训器具

铁锹,记录本,笔,米尺,绳子。

三、实训步骤

翻地质量检查在田间机耕或翻地时进行实习。

1. 机耕的同时还要测定犁沟壁的实际深度,可以选择在翻地后,直接在地块上测定耕松土层的深度,要平均取 10 个点。翻地后在地块上测定的实际耕深 = 耕松土层深度×耕松系数,耕松系数为 0.8。

表 4 – 5 – 1　翻地质量验收标准

项目标准等级	耕深状况	耕幅状况	开闭垄状况	覆盖状况	地头地边耕翻状况
合格	实际耕深与规定耕深之差不超过±1 cm(规定耕深 30 cm)	实际耕幅与规定耕幅之差不超过 5 cm(规定耕幅 18 cm)	个数尽可能少,沟宽不大于 35 cm,深不大于 10 cm,闭垄无生格子,高不超过 10 cm	残株杂草覆盖严密	围耕整齐
不合格	超过±1 cm	超过 5 cm	开闭垄多或超过上列标准	覆盖不严密	围耕不整齐
总评:以耕深状况、覆盖状况、地头地边耕翻状况三项为主要指标,达到标准认为合格,其中有一项达不到标准都是不合格的。以上所有项全达到标准为优					

2. 耕幅有无漏耕、重耕的标志是耕幅是否准确。L – 5 – 35 五铧犁,耕幅为每个铧 35 cm。测定方法是:从将要耕到的地上取一测点,测出该点到犁沟壁的距离(5~6 m),再次测定该点与犁沟壁之间的距离(要在两趟机耕后)。犁翻的实际宽度

就是两者之间的差值,实际宽度÷犁体耕翻趟数=耕幅。

四、作业题

1. 翻地过程中可能会出现哪些问题?
2. 物理性质不同的土壤在翻地过程中会如何影响翻地效果?

项目六　耙地质量检查

一、实训目的和说明

使学生学会检查耙地质量的方法,掌握质量标准。耙地作业的主要目的是破碎土块,平整土地,保持水分,覆盖肥料和消灭杂草,为农作物的种子发芽生长创造良好条件。为此,耙过的土地,地面要平坦,不得有漏耙和出现深沟的现象。

二、实训器具

米尺,记录笔,纸,铁锹,百米绳。

三、实训步骤

1. 耙深不够

作业机组驶过后,垂直耙幅的方向,轻轻将土壤扒开检查,并测量所耙深度。在整个地块耙完后,按对角线的方法,选择具有代表性的 5 个测点,然后将土壤一层一层地扒开,直到未耙土层为止,测量耙层厚度,即为实际耙深,耙深标准 25 cm。

2. 耙深不匀

尾随在耙地机组的后面,选择有代表性的地段,沿耙幅方向轻轻将土壤扒开,检查衔接行程和本行程各耙片的入土深度。从测出的最深和最浅的数值中,可知耙深的均匀程度。

3. 碎土不良

当整个地块耙完后,按对角线的方法,选择 5 个具有代表性的测点,每个点以 1 m^2 的面积,检查测点内有边长 5 cm 以上的土块,超过 5 个时,即为碎土不良。

4. 地面不平

整个地块耙完后,按对角线的方法,选择 5 个具有代表性的测点,以 10 m 宽的距离将两对角线拉紧绷直,用尺测量地表面最高土棱和最低土沟的数值,两者相差高度和水平面相比,即为地面不平度。

5. 漏耙

在机组作业中,尾随在耙地机组后面,分别检查每台耙之间和往复行程之间的衔接程度。整个地块全部耙完后,进行普遍检查,并测量大大小小不同形式的漏耙面积,再与地块总面积相比,即为漏耙率。

四、作业题

按照作业情况完成表 4 - 6 - 1。

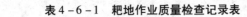

表 4 – 6 – 1　耙地作业质量检查记录表

耙地质量	耙深/cm	碎土状况	地面平整状况	漏耙状况	耙深均匀程度状况	其他
评定						

表 4-6-1 耕地作业质量测查记录表

							平均

项目七 不同耕作栽培条件下土壤耕层构造分析

一、实训目的和说明

了解不同土壤耕层的构造，以及土壤耕层的坚实程度的测定方法，并进行相应的分析。

二、实训方法和原理

选取一定耕层的未被人为耕翻的土样，采用一定的方法，使其土样达到一定的饱和状态，在测定土样达到饱和状态时统计土壤容重、土壤颗粒的密度以及土壤含水量，并计算相应的三相比在土样中所占的比例（固相是土粒，液相是土壤水分，气相是土壤中的空气），土壤容重除以土壤颗粒的密度等于固相体积，土壤毛管水达到饱和状态时的含水量是毛管孔隙度，测定的土样总体积减去土样固体的体积是总孔隙体积，总孔隙体积减去毛管孔隙体积是非毛管孔隙度。

三、实训器具

天平、环刀。

四、实训步骤

1. 室内称重。在实验室内称量环刀以及其上下盖子的质量，一起称量，并进行相应的记录，将测好的质量以及环刀的号码填入表中，之后带好测量的环刀、土铲、土锤以及切取土样的切土刀带到要采取土样的采取地点。

2. 室外取样。在采取土样的采取地点要选取具有能代表这块土壤的地区，在采取土样之前，要先清除地面上的杂草以及影响选取土样的因素，但是不可以破坏选取土样的土壤表面，之后按照实验的要求，选取一定的土壤耕层，在取土样的过程中，使用的土锤一定要锤正，不可以锤歪了，最后用土铲将选好的土样一起挖出。

选取的土样挖出之后，用切取土样的切土刀将环刀两端多余的土样削平，如果选取的土样切口处有小石块，必须重新选取土样，削平之后，盖好环刀上面的盖子和下面的盖子，不许摇晃以及剧烈地震动土样，否则会破坏土壤耕层构造，将环刀周围的多余土样擦干净，记录所选取的土样的土壤层次，之后进行下一项，选取另一土层的土样，并注意选取土样的上下位置，不要弄混。

3. 室内土样吸水饱和，将选取地点采取的土样带回实验室，称量整套环刀以及所选取的土样的质量，并记录下相应的质量。

将环刀下面的盖子取下，转移到环刀上面的盖子处，在环刀底部放上能罩住它的纱布。提前准备好的搪瓷盘里面有裹好滤纸的吸取水分的水槽,然后向搪瓷盘内加水,使土样吸水饱和。

对于选取的土样,从开始吸收水分至达到饱和状态主要因选取土样的质地以及深度的不同而产生差异。一般来说,在土样开始吸收水分的第二天,开始称量环刀以及其上下盖子和土样的质量,每一天都要多称几次,直至测量的环刀以及其上下盖子和土样的质量保持不变为止,就可以得到所要得到的数据(选取土样的毛管水达到饱和状态时的土样质量),并做好记录,注意称量测定的土样不允许因失误而导致散失。

最后,要将环刀以及其上下盖子放入烘箱中,温度设置为105 ℃,烘至质量达到不变即可。当烘至质量达到不变时,放入干燥器中进行冷却,当其达到室温时,测量其质量,将结果记录好,并将一系列的数据结果填入表4-7-1中,分析数据以及做好相应总结。

表4-7-1 耕层构造测定记录和计算表

土壤类别: 采样地点: 样点号: 采样深度: 采样日期: 测定者:

项目	计算	I	II	III
环刀号码				
环刀+盖质量/g	(1)			
环刀体积/cm³	(2)			
环刀+盖+自然湿土质量/g	(3)			
环刀+盖+吸水后湿土质量/g	(4)			
自然湿土质量/g	(5)=(3)-(1)			
吸水后湿土质量/g	(6)=(4)-(1)			
环刀+盖+烘干土质量/g	(7)			
烘干土质量/g	(8)=(7)-(1)			
自然湿土含水质量/g	(9)=(5)-(8)			
吸水后湿土含水质量/g	(10)=(6)-(8)			
吸水前土壤含水量/%	(11)=(9)/(8)			
吸水后土壤含水量/%	(12)=(10)/(8)			
土壤容重/(g·cm⁻³)	(13)			
土粒密度/(g·cm⁻³)	(14)=2.64			
固体体积/cm³	(15)=(5)/(14)			
总孔隙体积/cm³	(16)=(2)-(15)			
毛管孔隙体积/cm³	(17)=(6)-(8)			
非毛管孔隙体积/cm³	(18)=(16)-(17)			
固相:液相:气相(以实数表示)				

五、作业题

1. 导致土壤耕层构造不同的主要因素有哪些?
2. 试举一些例子来说明能调节土壤耕层构造的方法。

项目八　一个地区(或农户)耕作制度的综合设计

一、实训目的和说明

熟悉耕作制度设计的一般方法;综合应用所学的知识分析问题,增进对耕作制度总体性的认识与综合运用能力。

二、实训方法和原理

进行一个地区耕作制度设计时,涉及面要更宽些、更宏观些。而进行农户耕作制度调整时,可着重从经济效益与市场效益进行分析。

耕作制度设计一般包括下面几项内容。

1. 对资源与现有耕作制度的评价

(1)该单位农业气候、土壤条件、社会经济条件以及科学技术因素的特点是什么?这些特点与耕作制度有什么关系?

(2)农林牧、粮经饲、夏秋粮的比例是否可协调?

(3)复种,间、套、轮作方式的安排是否恰当?

(4)增产潜力与障碍因素何在?

(5)用地与养地、生态平衡与经济效益的关系如何?

2. 耕作制度调整

(1)土地利用状况(耕地、林地、草地等),如表4-8-1所示。

(2)粮食作物构成如表4-8-2所示,经济作物构成如表4-8-3所示,饲草作物构成如表4-8-4所示,蔬菜瓜果构成如表4-8-5所示。

(3)种植模式类型如表4-8-6所示,种植模式与作物历如表4-8-7所示。

(4)复种指数,复种,间、套、轮作方式,如表4-8-8所示。

(5)提高产量、培养地力、保持生态平衡、增进经济效益。

3. 调整方案的可行性鉴定

(1)资源利用效益。

(2)产量效益。

(3)能量效益与水分、养分平衡。

(4)经济效益与市场效益。

(5)社会效益。

表 4 – 8 – 1　土地利用

类型	林地 面积/万亩	林地 百分比/%	草地 面积/万亩	草地 百分比/%	耕地 面积/万亩	耕地 百分比/%	粮食耕地 面积/万亩	粮食耕地 百分比/%	经作耕地 面积/万亩	经作耕地 百分比/%
平原										
山区										

类型	蔬菜用地 面积/万亩	蔬菜用地 百分比/%	果树用地 面积/万亩	果树用地 百分比/%	饲草用地 面积/万亩	饲草用地 百分比/%	其他 面积/万亩	其他 百分比/%	耕地粮食/(千克/亩)	人均粮食/(千克/人)	每个劳动力生产粮食/(千克/人)
平原											
山区											

表 4 – 8 – 2　粮食作物构成

项目		小麦 面积/万亩	小麦 百分比/%	玉米 面积/万亩	玉米 百分比/%	大豆 面积/万亩	大豆 百分比/%	马铃薯 面积/万亩	马铃薯 百分比/%	其他 面积/万亩	其他 百分比/%
播种情况	平原										
	山区										
单产/(千克/亩)	平原										
	山区										
总产/万千克	平原										
	山区										

表 4 – 8 – 3　经济作物构成

项目		向日葵 面积/万亩	向日葵 百分比/%	油菜 面积/万亩	油菜 百分比/%	胡麻 面积/万亩	胡麻 百分比/%	其他 面积/万亩	其他 百分比/%
播种情况	平原								
	山区								
单产/(千克/亩)	平原								
	山区								
总产/万千克	平原								
	山区								

表4-8-4　饲草作物构成

项目		豆科牧草		禾本科牧草		青贮玉米		甜高粱		其他	
		面积/万亩	百分比/%	面积/万亩	百分比/%	面积/万亩	百分比/%	面积/万亩	百分比/%	面积/万亩	百分比/%
播种面积/万亩	平原										
	山区										
单产/(千克/亩)	平原										
	山区										
总产/万千克	平原										
	山区										

表4-8-5　蔬菜瓜果构成

项目		蔬菜		瓜类		果类		其他	
		万亩/面积	百分比/%	面积/万亩	百分比/%	面积/万亩	百分比/%	面积/万亩	百分比/%
播种面积/万亩	平原								
	山区								
单产/(千克/亩)	平原								
	山区								
总产/万千克	平原								
	山区								

表4-8-6　种植模式类型

项目		复种		套种		间作		混作		其他	
		面积/万亩	百分比/%	面积/万亩	百分比/%	面积/万亩	百分比/%	面积/万亩	百分比/%	面积/万亩	百分比/%
播种面积/万亩	平原										
	山区										
单产/(千克/亩)	平原										
	山区										
总产/万千克	平原										
	山区										

表 4 – 8 – 7　种植模式与作物历

种植模式	作物	月份												单产/（千克/亩）
		1	2	3	4	5	6	7	8	9	10	11	12	
复种	小麦													
	大白菜													
套种	小麦													
	玉米													
间作	玉米													
	大豆													

表 4 – 8 – 8　轮作、连作

地块	年份					
1						
2						
3						
4						
5						
6						

三、实训器具

一个生产单位的农业、生产、流通等方面的原始资料,计算器、土壤学教材、绘图纸,等等。

四、实训步骤

1. 熟悉所给资料。

2. 明确耕作制度,优化设计目标。在生产效益、经济效益、生态效益及社会效益四大效益中选择一个作为目标,或采用多目标规划。

3. 明确资源与现行耕作制度的特点与问题。

4. 根据现行耕作制度的问题与资源优势和劣势进行耕作制度重新规划与设计。

5. 设计方案的可行性分析。

五、作业题

根据下列资料,对该县耕作制度进行综合设计。

1.自然条件(表4-8-9)

自然条件见表4-8-9所表述。

表4-8-9 某县自然条件

月份		1	2	3	4	5	6	7	8	9	10	11	12	年均
气温/℃	平原	-4.7	-2.5	4.6	13.0	20.5	24.3	26.1	24.8	19.4	12.4	4.0	-3.0	11.6
	山区	-8.8	-6.1	1.5	10.1	17.9	21.5	23.4	21.9	16.4	9.5	0.7	-6.8	8.4
降雨量/mm	平原	0.8	3.9	9.7	24.8	25.3	69.8	239.4	207.6	60.6	28.5	5.5	1.3	56.4
	山区	0.9	4.4	3.6	26.7	24.0	47.1	164.7	166.4	43.6	29.0	5.2	1.3	43.1

平原:海拔50~100 m则为冲积平原,地面平坦,坡度<6°。

山区:海拔400~800 m,坡度20~30°,起伏大,气候地形复杂,水土流失严重,侵蚀模数为5 000 t/(km^2·a)。

2.生产条件

(1)土地

平原:土地44万亩,耕地30.6万亩,垦殖率70%,森林覆盖率8%。土壤为潮褐土,有机质含量0.91%~1.33%,全氮量0.054%~0.081%,速效磷含量6~15 ppm(1 ppm = 10^{-6} mol·L^{-1}),速效钾含量55~125 ppm,土质为壤土。

山区:土地30万亩,耕地3.6万亩,垦殖率12%,森林覆盖率14%,宜林山地有20万亩。土壤为褐土,有机质含量1.66%~2.41%,全氮量0.092%~0.200%,速效磷含量10~16 ppm,速效钾含量108~225 ppm。

(2)水利

平原:灌溉面积26万亩,占85%,大部分靠井灌,排水流畅。

山区:灌溉面积1万亩,占28.3%。

(3)肥料

平原:每亩施农家肥4×10^3 L,含氮16 kg、磷8 kg、钾22 kg,每亩施标准氮肥75 kg、磷肥30 kg、农药0.4 kg(纯)。

山区:每亩施粗肥3×10^3 L,含氮13 kg、磷6 kg、钾16 kg,每亩施标准氮肥50 kg、磷肥25 kg。

(4)人口劳力

平原:农业人口15.7万,人均耕地2.0亩,劳力7.1万,劳均耕地4.3亩。

山区:农业人口3.6万,人均耕地1.0亩,劳力1.6万,劳均耕地2.3亩。

（5）牲畜

平原地区以每亩计：猪 0.5 头，大牲畜 0.1 头，羊 0.1 头。

山区以每亩计：猪 0.3 头，大牲畜 0.05 头，羊 0.3 头。

粪便中含有机质的质量：大牲畜 764 千克/年、羊 82 千克/年、猪 150 千克/年、成人 18 千克/年。

（6）劳力

平原：1 台大中型拖拉机负担 800 亩，折合 976 瓦/亩，1 台小型拖拉机负担 234 亩，折合 599 瓦/亩，1 台电机负担 31.7 亩，折合 0.2 千瓦/亩，机耕面积 80%，农业机械折合粮食产量为 1.3 千克/亩，农业用电 25 度/亩，用油 24 千克/亩。

山区：农业机械折合粮食产量为 1 千克/亩，机耕面积 40%，农业用电 12 度/亩，用油 6 千克/亩。

（7）能源

平原：燃料 60% 靠秸秆、30% 靠煤，秸秆除作为燃料外，有 10% 作为饲草、20% 还田。

山区：燃料 30% 靠秸秆、40% 靠薪柴、20% 靠煤。

3. 社会经济条件

（1）地理位置：该县离大城市 150 km，交通方便。

（2）需要。

平原：要求产 1.25 亿斤（1 斤 = 0.5 千克）粮食，提供商品 8 000 万斤，同时要增加对城市的肉奶蛋的供应。

山区：目前粮食不能自给，要求增加经济收入，并减少水土流失，改善生态环境。

（3）政策。

（4）收益。

平原：粮食平均每亩产 334 kg，每人占有粮食 571 kg，吃粮 241 kg，人均分配 179 元，每个劳动力产粮食 1 142 kg，全县总收入 2 377 万元，其中种植业 47.6%，果林 1.45%，牧 8.51%，渔 1.00%，工副业 40.6%。

山区：粮食平均每亩产 236 kg，每人占有粮食 202 kg，吃粮 236 kg，人均分配 117 元，每个劳力产粮 501 kg，全县总收入 925 万元，其中种植业占 43%，果林 9.7%，牧 6.9%，工副业 38%。

4. 科学技术与农艺水平

科学技术与农艺水平可见表 4 - 8 - 10。

表 4 - 8 - 10　科学技术因素与农艺水平

作物	小麦		春玉米		套玉米		夏玉米
地形	平原	山区	平原	山区	平原	山区	平原
品种	农大 139	农大 139	京杂 6 号	京杂 6 号	京杂 6 号	京单 403	京早 7 号
种植密度	40 万株/亩	20 万株/亩	2 500 株/亩	2 300 株/亩	1 900 株/亩	2 100 株/亩	2 500 株/亩
$LAI_{平均}$	2.5	1.5	1.5	1.2	1.2	1.1	1.4
$LAI_{最大}$	6	3.5	2.8	2.5	2.4	2.2	2.3
生育期	16/6	20/6	15/9	20/9	20/9	20/9	30/9
氮肥/(千克/亩)	65	30	20	35	20	20	30

注:LAI 表示叶面积指数

5. 耕作制度现状

平原复种指数 149.3%,一熟面积 50.7%,两熟面积占 49.3%。

山区复种指数 144%,一熟面积占 56%,两熟面积占 44%。

耕作制度现状可见表 4 - 8 - 11、表 4 - 8 - 12、表 4 - 8 - 13、表 4 - 8 - 14。

表 4 - 8 - 11　耕地利用现状

项目	耕地/万亩	水浇地/%	农业人口/万	人均耕地/(亩/人)	劳均耕地/(亩/人)	粮食		蔬菜		油料		其他	
						面积/万亩	百分比/%	面积/万亩	百分比/%	面积/万亩	百分比/%	面积/万亩	百分比/%
平原	30.6	85.0	15.7	1.95	4.3	24.3	79.4	0.9	2.9	1.7	5.6	3.7	12.1
山区	3.6	28.1	3.6	1.0	2.3	3.4	94.9	0.03	0.008	0.04	0.01	0.17	3.6

表 4 - 8 - 12　农作物播种面积(1)

项目	小麦		玉米		水稻		谷子	
单位	面积/万亩	百分比/%	面积/万亩	百分比/%	面积/万亩	百分比/%	面积/万亩	百分比/%
平原	11.50	37.4	16.50	53.7	2.60	8.5	0.11	0.4
山区	1.21	30.6	2.10	53.2	0.03	0.8	0.61	15.4

表 4 - 8 - 13　农作物播种面积 (2)

项目	高粱		薯类		豆类		粮食面积/	复种指数/
单位	面积/万亩	百分比/%	面积/万亩	百分比/%	面积/万亩	百分比/%	万亩	%
平原	0.78	2.1	0.57	1.6	0.70	1.9	36.3	149.3
山区	0.13	3.6	0.28	7.8	0.10	2.8	3.6	144.0

表 4 - 8 - 14　农作物产量

项目		粮食	小麦	玉米	水稻	杂粮	蔬菜	油料
平原	亩产/(千克/亩)	233.5	266.0	231.5	273.0	81.0	4 197.0	47.5
	总产/(万千克)	8 106.0	3 056.5	3 820.5	715.5	420.0	377.5	96.5
山区	亩产/(千克/亩)	235.5	128.5	217.5	150.0	114.0	1 250.0	42.5
	总产/(万千克)	800.0	152.0	440.5	145.0	145.0	97.5	17.0

复种类型:

平原:2.5 ~ 2.7 m 畦的三茬套种占 60% ,2 m 畦两茬套种占 20%。

轮作方式:

平原:小麦—玉米—小麦—玉米(水浇地);

麦—稻—麦—稻—稻(水田);

玉米—玉米—豆类(旱地)。

山区:小麦 + 玉米—小麦 + 玉米(水浇地);

玉米—玉米—谷子—薯 + 豆类(旱地);

小麦/玉米—小麦/玉米(水浇地)。

项目九　配方肥设计与实施

一、实训目的和说明

农田土壤的分析测试是为作物生产服务的。生产某作物的专用配方肥即是在土壤分析测试及肥料的田间试验基础上,综合考量土壤供肥性能、作物需肥规律及肥料性质,以各种单质和(或)复混肥料为基础原料,生产或加工制作的适合特定作物、特定区域的肥料品种。因为是在土壤测定基础上的操作,所以也称为测土配方肥。

配方肥在一定程度上能够满足作物生育期对养分的需求,具有减少施肥工作量、降低成本、提高作物产量、提高施肥效率、改善农产品品质等优点,相关数据表明,增产率一般为 10% ~ 15% ,化肥利用率可提高 5% ~ 10% 。它是一项值得推广和执行的农业技术措施。

本实训项目需要根据前述土壤养分测定结果及马铃薯需肥规律,查阅相关资料,熟悉配方肥设计流程,整理并设计马铃薯专用肥配方,给出相应的施肥方案。

二、实训方法和原理

1. 马铃薯需肥规律

马铃薯对三元素的需求量为 K < N < P,微量元素中对 B 需求较高。生育过程中,K 对马铃薯的产量影响最大,相关实验表明,偏施氮肥往往会造成大幅度的减产。

因此,在马铃薯生产上,应平衡 N、P、K 三元素的供应,采用适宜的 N、P、K 配比。马铃薯种植地通常要求有机质含量为 1.2% ~ 1.6% 、碱解氮含量为 100 ~ 150 mg · kg^{-1} 、速效磷含量为 40 ~ 70 mg · kg^{-1} 、速效钾含量为 120 ~ 160 mg · kg^{-1} 、有效硼含量为 0.6 ~ 1.2 mg · kg^{-1} 为宜。

每获得 1 000 kg 马铃薯,需要施 N 4.4 ~ 5.5 kg、P_2O_5 1.8 ~ 2.2 kg、K_2O 7.9 ~ 10.2 kg,三者比例为 1∶0.4∶2。此外,Ca 的需求量相当于 K 的 1/4。

2. 确定配方的基本技术

从定量施肥的依据来划分,配方肥技术有以下三个类型:

(1)地力分区(级)配方法

以土壤肥力为依据,将土壤进行分级,也可以某一肥力均衡田片为一个配方区,利用以往田间试验成果和当地土壤普查资料,凭借当地的实践经验,来估算本地区适宜使用的肥料种类及肥料配比。

该方法的优点是比较接近当地的施肥经验,针对性较强,进行技术推广时易被当地农户接受。缺点在于局限性较强,仅适用于当地,且科学性、技术性较差,依赖于经验该方法一般用在地力基础较差、农业生产水平较低、地力差异较小的地区。配方肥技术推广时,必须结合田间试验成果,逐步加大科研力度、提高技术指导和推广水平。

(2)目标产量配方法

该方法是以作物产量构成为基础的,遵循作物营养原理,综合考量土壤和肥料两方面因素来计算施肥量。要确定目标产量,再计算要获得该产量所需吸收的养分数量,以确定肥料的施用量。通常又有以下两种方法。

①养分平衡法

土壤施肥量以土壤养分的分析测定结果来计算。参考下列公式:

$$肥料需要量 = \frac{(作物单位产量养分吸收量 \times 目标产量) - (土壤养分测定结果 \times 校正系数)}{肥料中养分含量 \times 肥料当季利用率}$$

式中:

校正系数按 0.3 计算,土壤养分测定结果的单位以 $mg \cdot kg^{-1}$ 表示。

这一方法的优点是概念清楚、容易掌握。该法的缺点是土壤养分并不是恒定不变的,因其缓冲性能,会经常处于动态变化中,所以利用土壤养分测定结果只能计算相对含量,若要计算"土壤施肥量",需用"校正系数"进行校正,"校正系数"要通过田间试验获得。

②地力差减法

该方法引入空白产量的概念,即在不施任何肥料的基础上所获得的作物产量,它表示作物产量全部来自于土壤可提供的养分。而从目标产量中去掉空白产量,即为通过施肥能获得的产量。肥料需要量按下列公式计算:

$$肥料需要量 = \frac{作物单位产量养分吸收量 \times (目标产量 - 空白产量)}{肥料中养分含量 \times 肥料当季利用率}$$

该方法的优点是无须土壤养分分析测定,减少了实验室测定的工作量,一定程度上规避了养分平衡法的缺点。不足之处在于,难以预先获得空白产量,给最终的成果推广带来麻烦。此外,空白产量会受到影响产量各因素的综合作用,而非单一受土壤养分的影响,不能真实反映土壤营养的丰缺情况。在土壤肥力偏高时,作物产量依赖土壤养分供应能力较大,依赖肥料供应较少,可能出现对地力耗竭未能及时发觉的情况,长期会造成土壤肥力迅速下降,应该引起注意。

(3)肥料效应函数法

肥料效应函数法,是通过田间多点试验的设计与实施,根据参数拟合肥料效应回归方程,选出最优处理,进而确定最佳施肥量的方法。主要有以下三种方法。

①多因子正交、回归设计法

该方法以单元、多元肥料的多水平试验为基础,选择产量为试验指标,进行统计分析,寻求施肥量与产量在数量上的变化规律,建立产量随施肥量变化的直线回归方程。肥料效应的直线回归方程,可以直接表达肥料的增产效应及不同肥料的互作效应,还可以获得最高产量施肥量或经济最佳施肥量,以及最少施肥量和最高施肥量。以此作

为建议施肥量的依据。

该方法的优点是精确度高,能客观反映肥效的互作效应;缺点是科技含量较高,难以推广,且需要长期多点试验,积累大量资料,数据处理较烦琐,一般需要配备计算机进行计算,存在着较大的局限性。

②养分丰缺指标法

该方法是将土壤养分分析测定结果与作物对土壤养分的利用建立起相关关系,通过大量田间试验和实验室的土壤养分分析,对土壤划分等级,制作养分丰缺指标与施肥量的对照检索表。以某地当季的土壤养分分析测定结果,来对照查找施肥量。

该法的优点是相对便捷直观,利于推广;缺点是与直线回归方程相比,精度较差,尤其在 N 素供应上,土壤养分分析测定结果与产量的相关性往往不够密切。因此,生产实践中通常采用以 N 定产的方式确定施肥量,而在磷肥、钾肥及微肥使用上可以采用这种方法。

③氮、磷、钾比例法

这一方法是将各种养分之间建立比例关系,确定其中一种养分,根据比例关系进而确定其他养分用量的方法。

该法的优点是工作量小,容易理解,推广方便;不足之处在于作物吸肥比例与肥料中养分供应比例通常是不同的,也受土壤供肥能力的影响,实践应用时需要对不同土壤条件和不同作物做好客观的估计,一般需预先做好田间试验。

以上三种方法也可以结合使用,以其中一种方法为主,配合另两种方法(或其中一种)使用,形成完整的施肥方案。实践中通常会获得合理的结果,只是实验室测定及计算的工作量较大。

三、数据记录及结果统计

表 4 - 9 - 1　测土配方施肥田间地块调查表

地域	统一编号:		调查组号:		采样序号:	
	采样目的:		采样日期:		上次采样日期:	
	省		市		县	
	乡		村		邮编	
	农户名称		地块名		电话号码	
	地块位置		距村距离/m		—	—
	纬度/ (度 分 秒)		经度/ (度 分 秒)		海拔高度/m	

续表

自然条件	地貌类型		地形部位		—	—
	地面坡度/(°)		田面坡度/(°)		坡向	
	平均地下水位/m		最高地下水位/m		最低地下水位/m	
	平均降雨量/mm		有效积温/℃		无霜期/d	
生产条件	农田设施		排水状况		灌溉水平	
	水源条件		输水方式		灌溉方式	
	熟制		种植制度		平均产量水平/(kg·hm⁻²)	
土壤条件	土类		亚类		土属	
	土种		俗名		—	—
	成土母质		土壤质地		剖面构型	
	土壤结构		障碍因素		侵蚀程度	
	耕层厚度/cm		采样深度/cm		—	—
	田块面积/hm²		代表面积/hm²		—	—
明年种植意向	茬口					
	作物名称					
	品种名称					
	目标产量					
调查单位	单位名称					
	地址				邮政编码	
	电话		传真		采样调查人	
	E-Mail					

注:1 hm² = 10⁴ m²

表4-9-2 测土配方肥建议卡

农户姓名： 省 市 县 乡 村 编号：

地块面积： 地块位置： 距村距离：

	分析项目	测试结果	丰缺指标	养分水平评价		
				偏低	适宜	偏高
土壤分析结果	全氮/(g·kg⁻¹)					
	碱解氮/(mg·kg⁻¹)					
	有效磷/(mg·kg⁻¹)					
	速效钾/(mg·kg⁻¹)					
	缓效钾/(mg·kg⁻¹)					
	有机质/(g·kg⁻¹)					
	pH值					
	有效铁/(mg·kg⁻¹)					
	有效锰/(mg·kg⁻¹)					
	有效铜/(mg·kg⁻¹)					
	有效锌/(mg·kg⁻¹)					
	有效硼/(mg·kg⁻¹)					
	有效钼/(mg·kg⁻¹)					
	交换性钙/(mg·kg⁻¹)					
	交换性镁/(mg·kg⁻¹)					
	有效硫/(mg·kg⁻¹)					
	有效硅/(mg·kg⁻¹)					

作物名称			品种		目标产量/(千克/亩)	
		肥料配方	用量/(千克/亩)	施肥时间	施肥方式	施肥方法
推荐方案一	基肥					
	追肥					
推荐方案二	基肥					
	追肥					

技术指导单位： 联系方式： 联系人： 日期：

附 录

附表 1　国际原子量表(1979 年)

元素	元素符号	原子量	元素	元素符号	原子量	元素	元素符号	原子量
银	Ag	107.868	氢	H	1.007 9	铷	Rb	85.467 8
铝	Al	26.981 54	氦	He	4.002 60	铑	Rh	102.905 5
氩	Ar	39.948	汞	Hg	200.59	氡	Rn	(222)
砷	As	74.921 6	碘	I	126.904 5	钌	Ru	101.07
金	Au	196.966 5	铟	In	114.82	硫	S	32.06
硼	B	10.81	钾	K	39.098	锑	Sb	121.75
钡	Ba	137.33	氪	Kr	83.80	钪	Sc	44.955 9
铍	Be	9.012 18	镧	La	138.905 5	硒	Se	78.96
铋	Bi	208.980 4	锂	Li	6.941	硅	Si	28.085 5
溴	Br	79.904	镁	Mg	24.305	锡	Sn	118.69
碳	C	12.011	锰	Mn	54.938 0	锶	Sr	87.62
钙	Ca	40.08	钼	Mo	95.94	碲	Te	127.60
镉	Cd	112.41	氮	N	14.006 7	钍	Th	232.038 1
铈	Ce	140.12	钠	Na	22.989 77	钛	Ti	47.88
氯	Cl	35.453	氖	Ne	20.179	铊	Tl	204.83
钴	Co	58.933 2	镍	Ni	58.69	铀	U	238.028 9
铬	Cr	51.996	氧	O	15.999 4	钒	V	50.941 5
铯	Cs	132.905 4	锇	Os	190.2	钨	W	183.85
铜	Cu	63.546	磷	P	30.973 76	氙	Xe	131.29
氟	F	18.998 403	铅	Pb	207.2	锌	Zn	65.38
铁	Fe	55.847	钯	Pd	106.42	锆	Zr	91.22
镓	Ga	69.72	铂	Pt	195.08			
锗	Ge	72.59	镭	Ra	226.025 4			

附表 2　浓酸碱的浓度(近似值)

名称	分子式	比重	质量分数/%	浓度/(mol·L^{-1})	配 1 L 1 mol·L^{-1}溶液所需体积/mL
盐酸	HCl	1.19	37.0	11.6	86
硝酸	HNO$_3$	1.42	70.0	16.0	63
硫酸	H$_2$SO$_4$	1.84	96.0	18.0	56
高氯酸	HClO$_4$	1.66	70.0	11.6	86
磷酸	H$_3$PO$_4$	1.69	85.0	14.6	69
乙酸	HAc	1.05	99.5	17.4	58
氨水	NH$_3$·H$_2$O	0.90	27.0	14.3	70

附表 3　常用基准试剂的处理方法

基准试剂名称	规格	标准溶液	处理方法
硼砂(Na$_2$B$_4$O$_7$·H$_2$O)	分析纯	标准酸	在盛有蔗糖和食盐的饱和水溶液的干燥器内平衡一周
无水 Na$_2$CO$_3$(Na$_2$CO$_3$)	分析纯	标准碱	180～200 ℃,4～6 h
苯二甲酸氢钾(KHC$_8$H$_4$O$_4$)	分析纯	标准碱	105～110 ℃,4～6 h
草酸(H$_2$C$_2$O$_4$·2H$_2$O)	分析纯	标准碱或高锰酸钾	室温
草酸钠(Na$_2$C$_2$O$_4$)	分析纯	高锰酸钾	150 ℃,2～4 h
重铬酸钾(K$_2$Cr$_2$O$_7$)	分析纯	硫代硫酸钠等还原剂	130 ℃,3～4 h
氯化钠(NaCl)	分析纯	银盐	105 ℃,4～6 h
金属锌(Zn)	分析纯	EDTA	在干燥器中干燥 4～6 h
金属镁(Mg)	分析纯	EDTA	100 ℃,1 h
碳酸钙(CaCO$_3$)	分析纯	EDTA	105 ℃,2～4 h

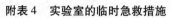

附表4　实验室的临时急救措施

种类		急救措施
灼伤	火灼	一度烫伤(发红):用无水乙醇将棉花浸湿覆盖伤处 二度烫伤(起泡):用无水乙醇将棉花浸湿覆盖伤处,或用30~50 g·L^{-1}高锰酸钾溶液将棉花浸湿覆盖伤处 三度烫伤:用消毒棉包扎,请医生诊治
	酸灼	1.若强酸溅到衣服或皮肤上,应用大量的水冲洗,再用碳酸氢钠(50 g·L^{-1})清洗伤处(或用1:9氨水洗之) 2.若为氢氟酸灼伤时,应用大量水洗伤口至苍白,再用新配制的氧化镁(20 g·L^{-1})甘油悬液涂之 3.若眼睛遇酸灼伤,先用水冲洗,再用碳酸氢钠(30 g·L^{-1})冲洗,并及时就医
	碱灼	1.若强碱溅在衣服或皮肤上,应用大量水冲洗,可用硼酸(20 g·L^{-1})或醋酸(20 g·L^{-1})洗之 2.若眼睛遇碱灼伤,先用水冲洗,再用硼酸(20 g·L^{-1})冲洗,并及时就医
创伤		若创伤不严重,可用3%的双氧水擦洗伤口,并涂上碘酒。创伤严重时要先涂上紫药水,再撒上灭菌结晶磺胺,纱布包扎可按压,并及时就医
中毒		1.一氧化碳、乙炔、稀氨水或煤气中毒时,应将伤者移往空气流通的环境,及时进行人工呼吸,输氧或二氧化碳混合气 2.生物碱中毒,灌入活性炭水,催吐 3.汞中毒或误食,应服生鸡蛋或牛奶(约1 L)催吐。 4.苯中毒或误食,应服腹泻剂催吐;昏迷者进行人工呼吸,输氧 5.苯酚(石炭酸)中毒,大量饮水、石灰水,催吐 6.NH_3中毒,应以酸解之,喝醋或柠檬水,或以植物油、牛奶、蛋白质催吐 7.酸中毒,喝下苏打水、水,吃氧化镁催吐 8.氟中毒,饮用氯化钙(20 g·L^{-1})催吐 9.氰化物中毒,饮用浆糊、蛋白质、牛奶等催吐 10.高锰酸盐中毒,饮用浆糊、蛋白质、牛奶等催吐
其他		1.失火:如果为电火,应断电,灭火器灭火;油或液体着火,同上,并用砂土盖扑 2.人员触电,不能直接用手拖拉,应断电;若电源较远,应用木棒将电线剥离触电者,然后把触电者放在阴凉处,人工呼吸,输氧,及时就医

参考文献

[1]鲍士旦.土壤农化分析[M].3 版.北京:中国农业出版社,2000.

[2]胡慧蓉,田昆.土壤学实验指导教程[M].北京:中国林业出版社,2012.

[3]吕贻忠,李保国.土壤学实验[M].北京:中国农业出版社,2010.

[4]鲁如坤.土壤农业化学分析方法[M].北京:中国农业科技出版社,2000.

[5]李酉开.土壤农业化学常规分析方法[M].北京:科学出版社,1983.

[6]劳家柽.土壤农化分析手册[M].北京:农业出版社,1988.

[7]林大仪.土壤学实验指导[M].北京:中国林业出版社,2004.

[8]黄昌勇,徐建明.土壤学[M].3 版.北京:中国农业出版社,2010.

[9]乔胜英.2012.土壤理化性质实验指导书[M].武汉:中国地质大学出版社有限责任公司,2012.

[10]陈立新.土壤实验实习教程[M].哈尔滨:东北林业大学出版社,2005.